Les Nationalités de la Hongrie - Les Serbes

1876

HENRI GAIDOZ

TABLE DES MATIÈRES

LES SERBES

I. Les Serbes de Hongrie, leur histoire, leurs privilèges, leur église, leur état politique et social, Prague et Paris 1873.

II. Ueber die staatsrechtlichen Verhältnisse der Serben in der Wojwodina und überhaupt in den Ländern der ungarisclien Krone,... von A. Stojaczkovicz, Temesvar 1860.

III. Das Rechtsverhältniss der Serbischen Niederlassungen zum Staate in den Ländern der Ungarischen Krone, von Ladislaus von Szalay, Pest 1862.

Les événemens n'ont pas justifié les espérances que les Slaves d'Orient mettaient dans la Serbie ; les ressources des deux adversaires étaient trop inégales pour que la Serbie, livrée à ses seules forces, pût vaincre les hordes musulmanes d'Europe, d'Asie et d'Afrique. Si l'Europe attendait avec inquiétude l'issue de ce duel de David avec Goliath, c'est qu'un grand fait serait sorti de la victoire des Serbes. Le jour où les Slaves soumis au despotisme turc, — et ce jour viendra tôt où tard, — réussiront à s'affranchir, l'ordre de choses définitivement établi en 1453 par la chute de Constantinople fera place à un monde nouveau, — nouveau en apparence, car le spectacle auquel nous assistons est en réalité la résurrection de nations oubliées par l'Europe, de nations dont l'ancienne gloire vit au plus profond du cœur des chrétiens du Balkan, et si elles reconquièrent leur indépendance, elles deviennent des centres d'attraction pour les tribus encore dépendantes de leurs races.

Pour peu que, s'élevant au-dessus des conventions et des préjugés conservateurs de la politique contemporaine, on gagne les hauteurs de l'histoire désintéressée, on est forcé de reconnaître que l'Europe orientale appartient encore, et pour longtemps peut-être, aux vicissitudes de la fortune et des guerres. Dans la partie occidentale de l'Europe, les nations ont atteint la plénitude de leur développement ; leur génie, libre d'entraves étrangères, s'est épanoui dans l'art, dans la littérature, dans la science ; elles ont surtout délimité nettement leur aire géographique et leur domaine politique. La nature les a aidées en plus d'un endroit en posant d'avance pour ainsi dire les bornes où les états doivent commencer ; les Pyrénées forment une clôture à l'Espagne et les Alpes à l'Italie. La mer enlève à l'Angleterre toute contestation de frontière. Quant à la France, sa frontière ne peut subir de fluctuation qu'au nord et à l'est ; encore ne s'agit-il à l'est que d'une étendue de territoire relativement peu considérable, de la ligne des Vosges ou de la ligne du Rhin. Dans l'Europe orientale, nous ne voyons rien de semblable ; nous ne trouvons ni frontières naturelles ni frontières historiques. Dire que cet état de choses durera, c'est dire que la région française pouvait rester dans l'état de division et d'enchevêtrement où elle était par exemple sous Louis XI.

Depuis longtemps déjà, l'Europe est sceptique à l'endroit de l'avenir de la Turquie ; mais à côté de la Turquie l'Autriche elle-même n'est en un sens qu'une expression géographique. Ses assises mouvantes reposent, comme celles de la Turquie, sur des races longtemps serves, qui ne veulent plus de la servitude et qui se préparent lentement à conquérir leur liberté. Une frontière politique ; qui sépare en apparence des sujets turcs et des sujets autrichiens, n'empêche pas ces races, comme une famille esclave vendue entre plusieurs maîtres, de n'avoir qu'un cœur et qu'une espérance. De là ces ébranlemens qui se propagent d'un état à l'autre. C'est à la Hongrie, maîtresse aujourd'hui des destinées de l'empire austro-hongrois, que nous pensons en constatant cette solidarité d'espérances ; aussi la Hongrie est-elle indirectement intéressée au maintien de l'empire ottoman. La Hongrie est comme l'homme dont la maison peu sûre s'adosserait à une maison moins solide encore : il s'inquiète peu du sort du voisin, car ils ont eu jadis mainte querelle ; il ne s'attache qu'à la solidarité de leur mur mitoyen. Si la maison voisine croule, la sienne risque de ne plus tenir,… voilà pourquoi la Hongrie était si émue de la guerre serbo-turque.

C'est en étudiant l'histoire des nations dont l'union ou, pour être plus vrai, la désunion forme le royaume de Hongrie, qu'on se rendra un compte exact des contre-coups de la question d'Orient et des grandes crises qu'elle peut non pas créer, mais précipiter. Une des questions les plus importantes de cette étude est la présence en Hongrie, le long même de sa frontière méridionale, d'une population serbe ardente, belliqueuse, ayant conscience de sa nationalité, fixant les yeux sur le drame qui s'ouvre et où va se jouer l'avenir de sa race. Voilà pourquoi les politiques de Pesth sont si hostiles à la Serbie, voilà pourquoi feignant la terreur, imaginant des complots, criant à la trahison, ils organisaient, il y a quelques semaines, une sorte de terreur magyare dans les comitats serbes de la Hongrie [1].

I

Quand on se reporte à quelques siècles en arrière, et mieux encore en plein moyen âge, on est étonné de voir combien les questions de nationalité ont peu de valeur. C'est insensiblement qu'elles ont acquis leur importance actuelle, par la disparition de l'organisation féodale de la société et par le développement littéraire des langues vulgaires ou nationales qui a fait sentir et qui a révélé aux hommes d'une même race leur parenté et leur communauté d'intérêts. Nulle part ce contraste ne se montre plus fort qu'en Hongrie. Jadis ses souverains s'occupaient avec un zèle ardent d'appeler des colons des quatre coins de l'horizon. C'est le plus grand roi de Hongrie, saint Etienne, qui, dans les instructions laissées à son fils Emerich, disait : « Pourquoi l'empire romain a-t-il grandi, pourquoi ses souverains ont-ils été puissans et glorieux ? C'est que de toutes les parties du monde nombre d'hommes intelligens et courageux affluaient à Rome... A mesure que des hôtes nous arrivent de diverses régions, ils apportent avec eux diverses langues, divers usages, diverses armes : tout cela orne et soutient la cour royale, tout cela inspire la terreur aux ennemis arrogans, car un état où règne unité de langue et d'usages est faible et sans force. » Les temps sont bien changés depuis le jour où le sage monarque traçait à ses descendans ce philosophique programme.

Une destinée presque inévitable condamnait l'Autriche, et plus particulièrement la Hongrie, à cette promiscuité de nations dissemblables et ennemies. Cette région était déjà comme le confluent ou le carrefour des trois grandes races de l'Europe moderne, latine, germanique et slave. L'arrivée des Magyars, arrière-garde de l'invasion des Huns, augmenta encore la confusion, d'autant que les nouveaux arrivans, en se convertissant au christianisme et en s'assimilant la civilisation occidentale, s'établirent solidement dans leur nouvelle patrie. Quelques siècles plus tard, les Turcs pénétraient dans l'Europe orientale. Si en Occident l'ère des invasions se ferme de bonne heure, et si les populations connaissent dès lors les bienfaits d'une sécurité relative, cette ère se continue pour la Hongrie et pour l'Autriche jusque dans les temps modernes. Bien des fois on donna l'hospitalité à des familles chrétiennes échappées à la domination barbare des musulmans. Bien des fois après des invasions turques qui laissaient des provinces entières sans chaumières et sans habitans, on fit appel aux colons de bonne volonté, de toute race et de toute secte, aux Flamands, aux Allemands, aux Croates, aux Ruthènes, aux Serbes, aux Bulgares, aux Albanais, aux Roumains, aux Lorrains, aux Catalans... Quelle race n'a pas fourni son contingent à la colonisation moderne de la Hongrie ? Aussi, dans ces cartes ethnographiques où chaque race est figurée par une couleur, la Hongrie ne présente que confusion et qu'enchevêtrement. On dirait qu'un peintre, tenant tous ses pinceaux à la main, les a lancés dans un moment d'humeur sur une toile rebelle !

C'est au VIIe siècle de notre ère que la race croato-serbe, descendant des Carpathes, s'établit en Illyrie, débordant dans le sud de la Pannonie et dans l'ouest de la Mœsie. Bientôt les Serbes recevaient le christianisme de Byzance et adoptaient l'écriture cyrillique, tandis que les Croates, fixés plus à l'ouest, devenaient catholiques latins et, sectateurs de Rome, écrivaient leur langue avec l'alphabet latin. De là cette scission qui a distingué sinon en deux nationalités, du moins en deux peuples, une seule et même race. La différence de religion qui s'est transmise avec les siècles la rend presque irrémédiable. Cette scission a pourtant disparu sur le terrain littéraire. Par suite d'accord entre les écrivains des deux peuples croate et serbe, ils n'ont aujourd'hui qu'une langue littéraire ; mais chacun l'écrit avec son alphabet traditionnel.

Le gros de la nation serbe était installé au sud de la Save et du Danube, et l'on sait qu'elle y fonda un état florissant pendant plusieurs siècles. Pourtant, dans l'ancienne histoire du pays auquel les Hongrois vinrent donner leur nom, on trouve la trace d'établissemens serbes sur la rive gauche du Danube, et bien des siècles avant qu'une contre-émigration ramenât des Serbes en Hongrie, leur race avait pris possession de l'extrémité du triangle formé par la Drave, le Danube et la Save. Ainsi les Serbes avaient précédé les Magyars dans la Pannonie ; mais ceux-ci, qui s'appelaient eux-mêmes Magyars et que les Slaves appelaient Hongrois, finirent par s'étendre dans toute la région qui porte aujourd'hui leur nom ; la Croatie et la Slavonie, états indépendans jusqu'à la fin du XIe siècle, furent à cette époque réunies à la couronne de saint Etienne. Les Serbes de Hongrie n'avaient alors aucune organisation distincte, et ce sont seulement quelques témoignages indirects qui nous font connaître leur existence. Ainsi plusieurs palatins, du royaume de Hongrie aux XIe et XIIe siècles étaient Serbes ; une cavalerie serbe figure à la même époque dans la guerre des Hongrois contre les Allemands. Au XIIIe siècle, les Serbes sont mentionnés avec honneur dans la lutte contre les Tatare et dans la guerre avec la Bohême ; plusieurs de leurs capitaines reçurent en récompense des terres des rois de Hongrie. Les Serbes de Hongrie étaient restés fidèles au catholicisme de rite oriental, car on voit, à diverses reprises, les rois de Hongrie, à l'instigation du saint-siège, essayer de les amener au rite latin. Ainsi en 1234 le roi Bela avait ordonné, mais sans succès, à ses sujets hérétiques et schismatiques de revenir au catholicisme. Au siècle suivant, le roi Louis Ier, enjoignait au foispan (comes supremus) d'un comitat (celui de Krassó) d'arrêter les prêtres du rite oriental avec leurs familles et de les remplacer par des prêtres catholiques de Dalmatie. Ces conflits religieux se prolongèrent pendant toute l'histoire de Hongrie et contribuèrent pour une grande part à maintenir la discorde d'une façon permanente.

C'est pourtant à une époque postérieure que s'établirent en Hongrie les

Serbes dont les descendans ont conservé jusqu'à ce jour leur nationalité. L'empire serbe avait perdu son indépendance dans la sanglante bataille de Kossovo (15 juin 1389), dont le souvenir n'a pas cessé de vivre dans l'âme du peuple serbe. Les Turcs se rendirent maîtres de la rive droite du Danube, et les Serbes devinrent leurs tributaires. Les Serbes gardaient pourtant leur organisation intérieure sous le gouvernement de leurs princes, qui avaient changé leur nom de tsar pour le titre plus modeste de despote ; plus d'une fois les despotes essayèrent, en s'appuyant sur les rois de Hongrie et en leur faisant hommage, de se rendre indépendans des Turcs. Il n'en fut rien, et les Serbes durent se résigner à supporter la domination musulmane ou à émigrer. Ceux qui émigrèrent se réfugièrent naturellement dans le pays chrétien le plus voisin, en Hongrie. Les Serbes qui existaient déjà en Sirmie [2], dans la Batchka [3] et dans le banat de la Ternes [4], virent leur nombre augmenté par l'arrivée de fugitifs. C'était à la fin du XIVe siècle et au commencement du XVe. A cette époque remonte la fondation d'églises et de monastères serbes sur la rive gauche du Danube. Ces premiers réfugiés se fixèrent plus au nord encore. Au commencement du XVe siècle ou peut-être dès le milieu du siècle précédent, une colonie serbe se fonde dans l'île danubienne de Csepel, au sud d'Ofen, et reçoit des rois de Hongrie des privilèges qui lui sont renouvelés par des diplômes royaux de diverses dates. Ces Serbes vivaient trop avant dans le pays magyar pour garder leur nationalité par la suite des temps.

A une époque incertaine, mais qu'on peut placer entre 1424 et 1430, le roi de Hongrie Sigismond Ier céda au despote serbe George Brankovitch un certain nombre de localités dans diverses parties de la Hongrie, c'est-à-dire lui accorda le droit d'y établir des colonies serbes. Plus tard, en 1439, et bien que le sultan Mourad fût son gendre, George Brankovitch fut forcé par les Turcs de passer le Danube. A sa suite, de nombreuses familles serbes vinrent se fixer en Hongrie et notamment au nord de la Maros, aux environs de Boros-Jenö et de Vilagos, où elles reçurent de Vladislas Ier des privilèges, Brankovitch devint grand-baron du royaume, mais dans sa longue et aventureuse carrière il passa tour à tour du camp des Hongrois au camp des Turcs, et c'est dans les rangs de ces derniers qu'il fut tué à l'âge de quatre-vingt-onze ans.

A la suite de luttes et d'intrigues qu'il serait trop long de raconter ici, les Turcs envahirent de nouveau la Serbie, et le vasselage fit place à la conquête et à la domination directe (1459) ; c'est la fin de l'état serbe. Cet événement accéléra le mouvement d'émigration, en Sirmie et dans les colonies fondées par Brankovitch. Les rois de Hongrie y gagnèrent de vaillans soldats. Mathias Corvin en avait dans son armée lorsqu'en 1477 il arriva aux portes de Vienne. Vouk Brankovitch, petit-fils de George, passa en Hongrie en 1465 avec un grand nombre de ses compatriotes, et reçut du roi de Hongrie le titre de despote. Sa vaillance lui avait fait donner par les Turcs le surnom de Dragon (Zmaj), et, différant en cela de son aïeul, il resta fidèle à la cause hongroise. En 1481, il passa sur la rive droite du Danube de concert avec deux autres chefs hongrois, et ramena 50,000 Serbes qu'on établit dans les environs de Temesvár. Ceux-ci reçurent aussitôt une organisation militaire, et ils formèrent, entre autres troupes, un corps célèbre à cette époque sous le nom de « légion noire. » Les Serbes se distinguèrent par leur fidélité au roi de Hongrie, non-seulement dans les guerres avec les Turcs, mais aussi dans les luttes intestines. En récompense de leurs services, les Rasciens, — c'est le nom qu'on donnait alors aux Serbes [5], — furent en 1481 exemptés, eux et les autres adhérens du rite oriental, de la dîme payée jusque-là au clergé catholique, et ce privilège fut confirmé par une autre loi hongroise de 1495. Les Serbes continuèrent d'avoir en Hongrie un chef de leur nation sous le nom traditionnel de despote jusqu'en 1528.

Les Serbes prirent part à toutes les guerres dont la Hongrie fut le théâtre dans le cours si agité du XVIe siècle, à la bataille de Mohacz (1524) que livra aux Turcs la plus grande partie de la Hongrie, et aux luttes qui se livrèrent pour la couronne de Hongrie. Ils prirent parti pour Ferdinand d'Autriche contre son rival Zapolya, prince de Transylvanie, bien que celui-ci fût Serbe d'origine, et dès cette époque, quelle que fût la politique intérieure de la Hongrie, alors, que les Magyars traitaient avec les Turcs et reconnaissaient leur suzeraineté, les Serbes restèrent fidèles à la maison d'Autriche, à Ferdinand, à Maximilien et à leurs successeurs. « Dans leur haine contre les Turcs, dit M. Picot, contre ces ennemis traditionnels et implacables qui ont réduit la Bosnie, la Serbie, la Slavonie, ne partie de la Hongrie, les Serbes ne peuvent hésiter ; ils sont les auxiliaires naturels et dévoués de tous ceux qui ne craindront pas de faire la guerre au sultan. De là leur attachement pour la maison d'Autriche, qui s'est imposé la tâche de refouler tout au moins les Turcs de l'autre côté du Danube et de la Save... Lorsque Soliman vint mettre le siège devant Vienne, Paul Bakitch, dont les talens militaires inspiraient toute confiance, eut mission de défendre le passage du Danube. Il avait avec lui 200 cavaliers, presque tous Serbes, qu'il entretenait à ses frais. Il réussit à surprendre les Turcs près du Kahlenberg et remporta sur eux un avantage important. Les prisonniers qu'il fit le renseignèrent sur les dispositions que les Turcs avaient prises pour donner l'assaut, et les Autrichiens purent profiter assez à temps de ces renseignemens pour repousser l'armée ottomane... Ce fut le Serbe Bakitch qui sauva Vienne. »

La lutte entre Zapolya et Ferdinand achevée, celui-ci récompensa par un privilège spécial les Serbes des environs de Varazdin qui avaient soutenu sa cause avec ardeur. Leur nombre s'augmenta sous Maximilien et sous Rodolphe par l'arrivée de nouveaux émigrans, réfugiés de Bosnie, et attirés par les promesses des empereurs. On les dispensait de tout impôt, en échange du service militaire auquel ils étaient assujettis ; ils devaient défendre la région frontière où on les établissait. C'est là l'origine des confins militaires de la Hongrie, dont la situation légale fut déterminée en 1578, par un édit rendu à Bruck-sur-la-Mur. Dès ce moment et jusqu'à ces dernières années, où ils ont été abolis, les confins ont relevé directement de Vienne et de l'empereur, bien que la diète hongroise prétendit les assimiler au territoire hongrois et refusât de reconnaître les franchises accordées par les empereurs. Les Serbes de Hongrie, établis pour la plus grande partie dans les confins, furent souvent les victimes de ce conflit d'autorité, et plus d'un compromis fut réglé à leurs dépens. D'après les privilèges impériaux, les Serbes ne devaient le service militaire que sur la frontière et contre les Turcs : néanmoins les empereurs les employèrent sans tarder dans toutes les guerres de l'empire et notamment dans celle de Trente ans. Ce sont eux qui sous le nom de Croates et de Pandours eurent pendant ces derniers siècles une réputation de féroce bravoure.

L'immigration des Serbes s'était jusque-là faite par bandes relativement peu considérables. Sous Léopold, elle prend la proportion d'un exode. Depuis un demi-siècle, les Serbes n'avaient plus de chef national. Un descendant de la famille Brankovitch, dont la vie passée d'abord en Transylvanie, en Turquie et en Russie était assez aventureuse, eut l'ambition de commander à sa race, et en 1663, à Andrinople, avec l'agrément de l'envoyé autrichien à Constantinople, il était consacré despote par le patriarche d'Ipek, le chef religieux de » la nation serbe. L'empereur Léopold le reconnut plus tard en cette qualité, le fit comte de l'empire, lui donna l'indigénat hongrois et l'admit dans l'armée impériale. La popularité de son nom avait réuni plusieurs milliers de volontaires serbes autour de Georges II Brankovitch. Pour un motif resté obscur, il devint suspect à la cour de Vienne et, arrêté en 1689, il passa le reste de ses jours en prison sans jamais être jugé. Vraisemblablement la cour de Vienne regrettait d'avoir donné à ses Serbes un chef national, un voïvode, comme disaient ceux-ci : c'était en faire une nation tout à fait à part dans un empire déjà divisé.

Mais la paix avec les Turcs n'était qu'une trêve ; la guerre revenait presque périodiquement, terrible, implacable. L'empereur avait trop d'intérêt à soulever les sujets chrétiens du sultan, à les attirer dans son propre empire pour ne pas accepter tout concours qui lui viendrait des Serbes ; mais il rêvait davantage : il voulait attirer leur nation dans la Hongrie dépeuplée et faire des Serbes belliqueux comme un rempart vivant contre les incursions ottomanes. A cet effet, il ouvrit des négociations avec le patriarche d'Ipek, le chef religieux de la nation serbe ; celui-ci était Arsène III Tchernoïévitch. C'est Brankovitch qui avait suggéré cette démarche à l'empereur. Léopold, pour appuyer ses négociations auprès du patriarche et peut-être aussi pour atténuer l'effet fâcheux produit parmi les Serbes par l'enlèvement de Brankovitch, lança le 6 avril 1690 une proclamation restée célèbre ; elle s'adressait à tous les peuples chrétiens encore soumis aux Ottomans, mais elle avait les Serbes plus particulièrement en vue. Léopold garantissait aux chrétiens qui accepteraient son autorité et qui s'établiraient en Hongrie le libre exercice de leur religion (le catholicisme de rite oriental), l'élection de leur voïvode ou despote, et, la guerre achevée, il leur promettait, mais en termes ambigus par leur généralité, une organisation privilégiée et conforme à leurs traditions nationales. « Ainsi donc, disait-il en terminant, entrez sans crainte dans notre empire, abandonnez votre pays et le travail de vos champs, invitez vos frères à suivre votre exemple, saisissez cette occasion que Dieu et moi nous vous offrons et qui ne se représentera plus. Saisissez-la si vous voulez votre bien, celui de vos enfans et de votre chère patrie. » Et en même temps qu'il lançait cette proclamation, l'empereur écrivait au patriarche Arsène pour lui offrir de s'établir en Hongrie avec son peuple. Le patriarche avait quelque défiance d'une persécution religieuse dans l'avenir. Léopold lui écrivit de nouveau pour l'assurer que l'église orientale jouirait d'une pleine liberté.

Le patriarche vint en Hongrie continuer ces négociations. Les Serbes réclamaient le droit d'élire un voïvode. Léopold le leur promettait dans sa proclamation, mais il ne voulait pas en réalité leur accorder une existence complètement nationale. Il ne prenait pas ombrage d'un patriarche, d'un chef religieux ; ce n'en eût pas été de même d'un chef laïque et militaire. Pour résoudre la difficulté par un compromis, l'empereur ratifia le choix que les Serbes avaient fait de Jean Monasterli comme voïvode, en lui reconnaissant seulement le titre de vice-voïvode. Quoi que les Serbes dussent penser de ces restrictions, ce ne pouvait être pour eux un motif de renoncer à leur plan d'émigration. Le patriarche Tchernoïévitch annonça la prochaine arrivée de familles émigrantes, et les années 1692 et 1693 furent employées par l'administration autrichienne à déterminer les terres concédées aux immigrans. Il fut décidé que la population serbe serait cantonnée entre le Danube et la rive gauche de la Theiss, et aussi au nord de la Maros. Elle serait assurée de son indépendance, ne serait soumise qu'au pouvoir impérial, et n'aurait pas à reconnaître l'autorité des comitats hongrois ni des seigneurs féodaux. De plus, si les armées victorieuses de l'empereur parvenaient à chasser les Turcs dès pays où les Serbes résidaient présentement, ceux-ci auraient la faculté d'y retourner. Comme le disait au siècle dernier un ministre autrichien, Bartenstein : « Il ne s'agissait pas de recueillir des fugitifs ou de leur abandonner des terres désertes, mais d'amener des gens établis, qui vivaient dans l'aisance, qui n'étaient pas inquiétés dans l'exercice de leur religion, à passer, au péril de leur vie et de leurs biens, de la domination turque sous la nôtre. »

L'Autriche était alors en guerre avec les Turcs, mais les opérations militaires étaient momentanément ralenties, et cette circonstance permit aux Serbes d'outre-Save de passer en Hongrie. Ils vinrent, disent les historiens du temps, au nombre de 35,000 à 40,000 familles. Par ce mot de famille, il faut entendre ici non pas le groupe composé du père, de la mère et des enfans, mais des zadrougas ou communautés de famille telles qu'elles existaient chez les Serbes et telles qu'elles se conservèrent dans les confins militaires [6]. On doit donc évaluer entre 400,000 et 500,000 le nombre d'individus qui formèrent cette immigration. On les installa non pas seulement sur les bords de la Maros, mais aussi en Slavonie, en Sirmie, dans la Batchka et jusque dans les environs de Bude et de Saint-André. La destinée de ce peuple de soldats était désormais liée à celle de l'Autriche, qu'il servit dans toutes ses guerres, guerres civiles et guerres étrangères. Comme on peut le penser, il reçut plus tard de nouvelles troupes d'immigrans ; ainsi, en 1738, Athanase Rochkovitch amenait en Hongrie une troupe de 1,500 hommes tout organisée. En 1788, un grand nombre de familles passèrent le Danube ou la Save pour se réfugier en territoire hongrois ou croate. Ce n'étaient pas non plus des vagabonds, car ils apportaient avec eux leurs biens sous forme de troupeaux de bétail de toute sorte. Quelque temps après la grande immigration fut conclue la paix de Carlovci (Carlowitz) en 1699. Les impériaux conservaient leurs conquêtes : la Transylvanie, la partie septentrionale du banat et une partie de la Sirmie ; les Turcs gardaient Temesvár et le pays qui sépare cette forteresse du Danube.

II

Dès qu'elle fut fixée sur le sol hongrois, la nation du patriarche Tchernoïévitch eut à lutter pour son autonomie et pour ses franchises, surtout contre les Magyars, mais aussi pourtant contre le pouvoir de Vienne. Léopold, comme empereur et comme roi de Hongrie, lui avait accordé des privilèges, et les Serbes ne regardaient ceux-ci que comme les stipulations d'une sorte de contrat. On peut penser quelle mauvaise entente fut le résultat de cette divergence d'opinion. Les Serbes se regardaient comme une nation alliée, établie d'un mutuel accord sur les terres de la Hongrie. L'empereur et la diète de Hongrie les regardaient comme de nouveaux sujets, protégés seulement par certaines immunités. En dehors des concessions faites à la nation entière, Léopold accorda des franchises particulières à certaines communautés serbes, par exemple aux Serbes de Bude, nombreux alors. Les droits particuliers et les concessions partielles de l'autorité, connus sous le nom de privilèges, étaient la base ordinaire de la vie sociale et communale dans toute société féodale.

La première déception des Serbes fut de ne pas être installés dans un territoire distinct. En 1703, le patriarche adressa à l'empereur une requête à ce sujet ; il lui fut répondu que les privilèges serbes auraient leur plein et entier effet lorsque la paix serait rétablie en Hongrie (la guerre civile avait succédé à la guerre avec les Turcs). Il va sans dire que cette question ne fut jamais reprise et que les Serbes durent rester où ils avaient été cantonnés dès l'abord. Le patriarche se plaignait en même temps que l'on donnât à ses fidèles le nom de schismatiques. La cour de Vienne répondait aux réclamations des Serbes par de bonnes promesses. Le nouvel empereur Joseph Ier confirmait, dans un diplôme daté du 7 août 1706, les privilèges accordés aux Serbes par son prédécesseur Léopold, mais il se réservait en même temps de leur donner une forme définitive et plus avantageuse pour les Serbes quand la tranquillité des temps le permettrait. C'étaient de vaines paroles, car en même temps la cour de Vienne cherchait le moyen d'amener les Serbes au catholicisme romain. Or les Serbes étaient d'autant plus attachés au catholicisme du rite oriental qu'il était le symbole et la garantie de leur nationalité. Ils se groupaient autour de leur patriarche, dit un document contemporain, comme les abeilles autour de leur reine.

Tchernoïévitch mourut en 1706, et pour la première fois les Serbes usèrent du droit, garanti par le diplôme de Léopold, de se réunir en congrès pour lui donner un successeur. Ces congrès ecclésiastiques jouent un grand rôle dans l'histoire des Serbes de Hongrie, parce que là seulement les délégués de leur nation pouvaient se réunir et délibérer de leurs affaires nationales. Ainsi, après avoir élu un métropolitain [7], le congrès discuta le texte d'un mémorandum qu'il envoya à la cour de Vienne. On demande notamment dans cette requête : « que dans les pays de l'empire où se trouvent les Serbes ou tout autre peuple du rite grec, au milieu des Allemands et des Magyars, les première puissent vivre aussi librement que les derniers ; qu'ils puissent avoir leurs magistrats au même titre qu'eux ; qu'ils puissent également avoir et entretenir leurs églises et leurs prêtres de rite grec, conservant leur culte et leur ancien calendrier, et ne célébrant pas les fêtes deux fois, mais seulement d'après l'ancien calendrier (art. 6) ; que deux conseillers de leur nation et du rite grec soient près de la cour impériale, à la chancellerie hongroise, pour qu'ils puissent élever la voix auprès de la glorieuse cour impériale pour leur nation ; que ces conseillers soient élus par l'assemblée générale du peuple serbe (art. 13). » Le mémorandum demandait encore un territoire distinct.

C'était une autonomie complète que réclamait là le congrès serbe : il voulait conserver jusqu'au calendrier julien, en retard de onze jours sur le calendrier de l'Europe occidentale. En présentant ce mémorandum, le nouveau métropolitain priait l'empereur de soumettre ces diverses questions à la diète de Hongrie et de faire en sorte que celle-ci érigeât en lois du royaume les privilèges concédés par Léopold. Ce métropolitain mourut bientôt, et son successeur remplit moins longtemps encore les fonctions de métropolitain. Joseph Ier mourut aussi. Son successeur, Charles VI, pressé par le nouveau métropolitain serbe Popovitch, confirma par deux diplômes (2 août 1713 et 10 avril 1715) les franchises accordées aux Serbes par ses prédécesseurs ; mais la question serbe ne fut point portée devant la diète hongroise.

C'est seulement plus tard, bien après qu'une guerre heureusement menée contre les Turcs par le prince Eugène eut donné à l'empire le banat de Temesvár, Belgrade et une partie de la Serbie, que le cabinet autrichien en 1723 soumit la question serbe à la diète hongroise. Il le fit sans cacher son mauvais vouloir à l'égard des Serbes, et la diète, qui n'était déjà que trop mal disposée pour ceux-ci, se refusa à reconnaître les engagemens pris par Léopold et déclara qu'elle ne pouvait consentir au morcellement du royaume de Hongrie. Bien plus, elle vota, sans que le cabinet s'opposât à cette mesure, des lois qui contredisaient et détruisaient les concessions des patentes impériales. Les Serbes étaient entrés en Hongrie comme hommes libres et ils gardaient le droit de retourner, s'il leur convenait, dans leur pays d'origine : l'article 63 de la loi hongroise de 1723 les réduisait à l'état de serfs et les attachait à la glèbe à la merci des seigneurs féodaux ; ils ne pouvaient même pas se déplacer d'un lieu à l'autre dans le royaume. L'article 80 portait confirmation des lois antérieures qui excluaient les non-catholiques de la propriété foncière en Croatie et en Slavonie. Pour encourager les conversions au catholicisme latin, un autre article exemptait de la condition de serfs les fils des prêtres qui reconnaîtraient l'union avec Rome, pourvu qu'ils entrassent dans les ordres. C'était une prime donnée à l'apostasie. Les métropolitains essayèrent vainement d'apporter un adoucissement à la situation de leurs fidèles. L'un d'eux, Moïse Pétrovitch, obtint en 1727 de Charles VI une nouvelle confirmation provisoire des privilèges nationaux par un acte appelé mandatum protectorium, mais qui ne les protégeait nullement contre l'hostilité et les vexations de la noblesse hongroise. « L'intolérance des Magyars, dit M. Picot, fit que les Serbes considérèrent comme un bienfait l'érection des confins militaires. Les confins de la Slavonie, de la Tisza (Theiss) et de la Maros remontaient à 1702 ; ceux du banat furent organisés en 1724. Bien que le commandement fût presque toujours confié à des officiers allemands, les Serbes enrôlés dans ces territoires avaient du moins la satisfaction de se sentir compactes ; de plus, ils relevaient directement de l'administration de la guerre autrichienne, dont le siège était à Vienne, et n'avaient pas à subir l'ingérence des Magyars ; ils n'avaient en un mot qu'un maître, tandis que les Serbes établis dans les comitats en avaient deux. » Un état aussi précaire était fécond en désordres de tout genre. Quelque temps après, en 1736, éclatait parmi les Serbes de la Maros une insurrection promptement et cruellement réprimée. Trois ans plus tard, la milice serbe servait à étouffer avec une semblable rigueur une insurrection des paysans roumains du banat, sorte de jacquerie provoquée par la misère, par les incursions des Turcs et par les vexations des impériaux.

L'avènement de Marie-Thérèse en 1740 parut aux Serbes le moment favorable d'obtenir la confirmation et l'accomplissement de leurs privilèges ; mais Marie-Thérèse avait trop besoin du concours des Magyars et de la diète hongroise pour que ces espérances pussent se réaliser. Bien plus, dès

1741, la diète hongroise prit des mesures propres à briser l'organisation des Serbes. Sa première mesure fut de supprimer les confins militaires organisés en Sirmie, dans la Basse-Slavonie, dans les comitats de Bács, Bodrog, Csongrád, Arad, Csanad et Zaránd, et dans le banat de Temesvár. Cette mesure atteignait principalement les Serbes, car, sauf dans la partie orientale du banat et sur la rive droite de la Maros, où ils étaient mêlés aux Roumains, ils formaient exclusivement la population de cette région. Les régimens dissous, leurs territoires étaient incorporés aux comitats et leurs habitans soumis aux seigneurs magyars. La reine Marie-Thérèse, qui ne pouvait s'opposer directement à cette décision, obtint du moins de la diète que l'organisation des confins subsisterait provisoirement jusqu'à la paix. En même temps, la diète redoublait de sévérité à l'égard des schismatiques, et ces mesures frappaient directement les Serbes. Une loi de la même année (1741) établissait que quiconque refuserait de se soumettre à l'autorité de l'église catholique ne pourrait obtenir aucun emploi. En outre, on enlevait au métropolitain serbe son autorité légale sur une partie de ses fidèles en lui déniant tout droit de juridiction sur le clergé et les paroisses de Croatie et de Slavonie.

Dans ces deux régions en effet, on essayait depuis longtemps déjà d'imposer l'union (avec Rome) au peuple du rite oriental. Des évêques grecs-unis, installés et imposés par l'empereur, s'employaient à cette besogne. L'apostasie d'évêques du rite oriental fournit au pouvoir de nouveaux instrumens. Mais le peuple ne voulait pas accepter l'union ; cette propagande resta sans fruits, et lorsqu'on voulut faire le recensement des grecs-unis de Slavonie on n'en trouva pas un seul. Une persécution religieuse, dirigée surtout contre le clergé, n'eut d'autre résultat que de provoquer des émeutes. Deux évêques grecs-unis durent successivement s'enfuir pour sauver leur vie. Un évêque de rite oriental non apostat réunissait autour de lui le peuple des fidèles non-unis. La loi hongroise que nous venons de nommer devait établir une sorte de blocus autour de l'église de rite oriental en Slavonie. Des scènes analogues se passaient à Nagy-Varad, en Hongrie, où Léopold Ier, dans la même situation, avait installé un évêché latin. L'évêque de Nagy-Varad faisait bâtonner ou chasser les prêtres qui refusaient d'accepter l'union, et il prélevait la dîme sur les communautés grecques et roumaines, bien que les privilèges et les lois hongroises elles-mêmes en exemptassent les fidèles de l'église orientale. Pour prélever cette dîme, il prétextait les conversions qu'il imposait ou qu'il supposait. Le métropolitain serbe réclamait en vain auprès de Marie-Thérèse contre ces abus.

Les Magyars ne voulaient pas admettre que, grâce aux privilèges de l'empereur, les Serbes formassent un état dans l'état et échappassent à l'autorité des seigneurs féodaux. Ne pouvant tenir pour absolument nuls les diplômes de l'empereur, ils en affaiblissaient la portée par des réserves nombreuses. Ils demandaient en même temps que les franchises ne fussent reconnues qu'autant qu'elles subsistaient encore dans l'usage. Néanmoins un rescrit émané de la chancellerie autrichienne, ratifié par la chancellerie hongroise et par le conseil de guerre de la cour (1743), confirma les privilèges antérieurement accordés aux Serbes. Un congrès national serbe, convoqué à Carlovci l'année suivante, reçut communication de ce rescrit. Deux ans plus tard, Marie-Thérèse créa une direction spéciale des affaires serbes, comme nous dirions aujourd'hui, sous le nom de Députation aulique, et lui donna des attributions distinctes de celles de la chancellerie hongroise ; seule, elle devait être compétente pour délibérer sur toutes les affaires serbes et pour les soumettre au souverain. La chancellerie hongroise protesta contre cet empiétement ; le comte Kolovrat, placé à la tête de la députation aulique, répondit que les affaires serbes n'étaient pas des affaires hongroises, mais étaient du domaine de la politique autrichienne. Les provinces méridionales, disait-il, avaient été reconquises sur les Turcs par les armes impériales ; elles étaient un patrimoine de la maison d'Autriche et n'appartenaient pas au royaume de Hongrie. La députation aulique devait finir par succomber en 1777 sous l'hostilité des Magyars, mais tant qu'elle exista, elle fut entre la cour et les Magyars une cause de conflit. Ce conflit profita aux Serbes, qui obtinrent quelques concessions dans le domaine religieux.

La question des confins fut pourtant résolue dans le sens des Magyars, et ce fut la cause d'une nouvelle émigration, partielle seulement, des Serbes de Hongrie. Supprimés en principe en 1741, les confins avaient été maintenus à titre provisoire. En 1746, les régimens de la Sirmie et de la Slavonie furent dissous. Mais les Magyars réclamaient l'exécution intégrale de la loi de 1741. Le cabinet de Vienne céda, et en 1750 il prit des mesures pour réunir successivement au comitat de Bács les confins de la Tisza (Theiss) sauf quelques villages réservés au corps des tchaïkistes ou pontonniers que l'on conservait, et aux comitats d'Arad et de Csanád les confins de la Moros. Comme on s'attendait à mécontenter par ces mesures les gränzer ou confinistes, on permettait à ceux qui voulaient continuer leur métier de soldats, d'aller s'établir dans les confins du banat que l'on maintenait. Encore ce déplacement ne leur promettait-il aucune sécurité, car les confins du banat pouvaient être comme les autres annexés aux comitats hongrois. Si cette transformation mécontentait les Serbes, c'est que leur nation vivait compacte et seule dans les confins, et que là ils relevaient directement de l'empereur et de leurs officiers : annexés aux comitats, ils disparaissaient dans le royaume de Hongrie, ils étaient soumis à la féodalité et à l'administration magyare. Seules, 2,400 familles acceptèrent le déplacement qui leur était offert et vinrent s'établir dans le banat. Les autres restèrent — ou émigrèrent en Russie.

La Russie avait conquis sur la Turquie de vastes espaces peu peuplés ou même déserts. Les colons de toute nation étaient les bienvenus chez elle, et si elle donnait des terres à des colons allemands, catholiques et luthériens, on pense qu'elle accueillait avec plus de satisfaction encore des colons slaves et orthodoxes. La valeur des troupes serbes était connue en Russie, et dès 1727 l'impératrice Anne avait formé un régiment de hussards serbes, qui avait été établi en Ukraine comme colonie militaire. Le mécontentement des Serbes des confins était une trop bonne occasion pour que la Russie la laissât échapper. L'impératrice Elisabeth fit proposer aux Serbes de venir s'établir dans son empire orthodoxe, sur des territoires conquis aux Turcs ou même disputés entre la Russie et la Turquie. Malgré la distance, malgré la difficulté des communications, un grand nombre de familles serbes acceptèrent cette proposition. Une première colonne, composée de plusieurs milliers de personnes, partit sous la conduite des capitaines Horvat et Tökölyï, elle reçut, en arrivant en Russie, une organisation analogue à celle qui la régissait en Hongrie, et forma deux régiments. En 1752 et 1753, de nouvelles et nombreuses troupes d'émigrés les suivirent. Ainsi les descendans de ceux qui avaient quitté la Turquie pour l'Autriche abandonnaient à leur tour l'Autriche pour la Russie. Les historiens serbes évaluent leur nombre à environ 100,000, et ils formaient une colonie assez considérable pour qu'un ukase de 1752 donnât le nom de Nouvelle-Serbie au territoire où ils étaient Contenus. La Nouvelle-Serbie s'étendait sur les deux rives du Dnieper, dans son cours inférieur entre Bachmut à l'est et Jelysavetgrad à l'ouest ; cette ville, fondée par Horvat, porte, comme son nom l'indique, le nom même de l'impératrice sous laquelle s'était accompli cette émigration (Jelysavetgrad=Elisabethville). Ce territoire confinait au nord à la Pologne, ou plus exactement à l'Ukraine, qui appartenait alors à la Pologne, et au sud à la Turquie. Les émigrans donnèrent à la plupart des villages fondés par eux des noms qui leur rappelaient les villes et les villages de leur ancienne patrie. En 1764, le district de la Nouvelle-Serbie fut supprimé et annexé au gouvernement de la Nouvelle-Russie. Cette colonie serbe conserva son individualité nationale aussi longtemps qu'elle vécut isolée. A mesure que la population russe l'entoura et se mêla aux Serbes, ceux-ci se russifièrent. Il n'en pouvait guère être autrement, maintenant qu'ils vivaient au milieu d'une population de même religion, et parlant un dialecte rapproché du leur. Ce qui facilita cette fusion, c'est aussi que ces Serbes n'étaient pas un peuple de lettrés, n'avaient pas de littérature écrite, et que leur langue ecclésiastique, la seule qu'écrivaient leurs popes (quand ils écrivaient), était la même que la langue ecclésiastique des Russes, le slavon. Si dans cette région les colonies allemandes, les colonies grecques et les colonies roumaines, fondées vers la même époque, ont conservé jusqu'à nos jours la tradition de leurs langues respectives, c'est que ces idiomes étaient trop éloignés du russe pour que la fusion pût se faire aisément.

L'histoire des Serbes restés en Hongrie continuait à suivre le même cours, à passer par les mêmes alternatives et par les mêmes complications. La chancellerie hongroise montrait le même acharnement à poursuivre les Serbes, et elle essayait de faire prévaloir cette doctrine que les privilèges de Léopold ne devaient s'appliquer qu'aux descendans des Serbes émigrés sous son règne. La députation aulique combattait ces prétentions, mais voyait peu à peu diminuer son autorité. Ainsi en 1752 elle avait en vain essayé de faire admettre les Serbes aux emplois publics. Le clergé catholique continuait ses empiétemens sur le domaine de l'église orientale. Des émeutes locales prenaient en 1755 assez de développement pour être une véritable insurrection : les bandes de Serbes insurgés atteignaient jusqu'à 20,000 hommes. En 1769, le congrès serbe, convoqué pour élire un successeur au métropolitain Nénadovitcb, s'occupa particulièrement de régler la discipline et l'organisation intérieure de l'église serbe. Ses décisions, approuvées par l'impératrice-reine, furent coordonnées dans un texte spécial sous le nom de Regulamentum constitutionis nationis Illyricœ. Mais ce règlement bornait au domaine religieux l'autonomie des Serbes et l'autorité de leur métropolitain, et il mettait, ou plutôt il laissait les Serbes, « dans les affaires qui ne concernaient point la foi, » sous la dépendance des autorités impériales, royales et provinciales. La députation aulique devait connaître des questions religieuses et des affaires relatives aux privilèges ; mais ces dispositions, ces privilèges étaient ipso facto abolis. Bien qu'ils n'eussent pas été observés en fait, le peuple serbe voyait dans cette antique promesse, plusieurs fois renouvelée, la garantie de ses franchises. Le nouveau métropolitain étant mort en 1773, le congrès de 1774 adressa à Vienne une pétition dans laquelle il protestait contre les dispositions restrictives du règlement de 1770. Marie-Thérèse en tint compte dans une certaine mesure ; en outre, elle enleva à tous les évêques catholiques de Hongrie, sauf au primat, la dignité de föispan ou comes supremus des comitats, dont ils usaient pour le plus grand bien de leur église ; cette mesure améliorait la situation des protestans et des schismatiques. L'impératrice-reine donnait à la même époque au petit groupe de Serbes établi à Velika-Kikinda une administration autonome ; mais, deux ans plus tard, les Magyars obtenaient de la cour de Vienne deux concessions importantes : ils faisaient supprimer en 1776 le poste de l'agent, sorte de chargé d'affaires que les Serbes avaient jusque-là entretenu à Vienne. La perte de cet agent, qui recevait ses instructions du patriarche, et dont les dépenses étaient défrayées par la nation serbe, donnait comme une consécration officielle à l'autonomie que s'attribuaient les Serbes. Enfin, l'année suivante, la députation aulique était supprimée et ses attributions transportées à la chancellerie hongroise. Le règlement ecclésiastique de 1770 avait été en partie abrogé par Marie-Thérèse ; il devait être remplacé par un règlement définitif. A la suite de négociations entre le synode des évêques serbes, le métropolitain, la cour de Vienne, la chancellerie hongroise, la chancellerie autrichienne et le conseil de guerre de la cour, fut enfin promulgué en date du 10 juillet 1779, sous le nom de Prescriptum declaratorium, le règlement sur l'organisation et la discipline de l'église orientale de Hongrie et sur ses rapports avec l'état. C'est celui qui a régi la matière jusqu'à ce jour.

Déjà Marie-Thérèse avait essayé d'introduire l'unité dans son royaume par la centralisation et la germanisation. Son fils Joseph II, qui lui succéda en 1780, imbu de ces idées à un plus haut degré, résolut de les formuler en système. Il voulait faire de la langue allemande la langue de tous ses sujets et il croyait qu'il pouvait la leur imposer par décret. Un an après avoir promulgué son fameux édit de tolérance dont profitaient également tous les cultes non-catholiques, il décrétait (le 4 mai 1783) que a dans un délai de trois ans, à compter de ce jour, tous les fonctionnaires du royaume de Hongrie devaient parler couramment et écrire correctement la langue allemande. » Cette mesure atteignait toutes les nationalités de la Hongrie ; mais c'était la race dominante, les Magyars, qu'elle devait irriter le plus profondément. Bien plus, elle donnait naissance à tout un ordre de conflits que la Hongrie n'avait pas encore connus jusque-là, le conflit des langues. Le latin était et avait toujours été la langue officielle de la Hongrie, et il garda cette prérogative pendant presque la première moitié de notre siècle. Bien qu'on parlât et qu'on écrivît le latin d'une façon barbare, l'emploi de cette langue savante, également étrangère par son origine à toutes les nationalités de la Hongrie, et dont l'obligation n'était un privilège pour personne, prévenait et excluait par son caractère neutre cette question de langue officielle si grave aujourd'hui dans les pays habités par plusieurs races. Aussi peut-on dire sans exagération que c'est l'emploi du latin qui a fait l'unité nationale de la Hongrie au moyen âge et dans les temps modernes, alors que les langues des nations de la Hongrie étaient des langues vulgaires (au sens où Dante prend ce mot), des langues sans culture et sans littérature. Le décret de Joseph II, en irritant les Magyars, fit germer chez eux l'idée d'employer leur langue comme langue politique et de l'imposer aux autres nations de la Hongrie. Ç'a été l'origine d'une lutte longue de près d'un siècle, et dont les Magyars semblent, aujourd'hui du moins, sortir vainqueurs.

La guerre avait éclaté entre la Russie et la Porte : Joseph II saisit cette occasion d'attaquer les Turcs, « voulant, disait-il dans un langage que ses successeurs ont oublié, venger l'humanité de ces barbares. » Les Slaves de l'empire d'Autriche, et en particulier les Croates et les Serbes, formaient une bonne partie de l'armée qui opéra sur la rive droite du Danube ; mais les Serbes de la monarchie n'étaient pas seuls en ligne contre les Turcs. « L'empereur Joseph, dit l'historien allemand Ranke, avait eu l'excellente idée de former un corps franc des Serbes qui viendraient se joindre à lui, et bientôt ce corps s'éleva à un chiffre considérable de fantassins et de cavaliers, qui rendirent pendant la campagne les meilleurs services, dès le siège de Belgrade en 1789, et surtout après qu'on fut en possession de cette place et du pays voisin. » Les impériaux conquirent la plus grande partie de l'ancien empire de Serbie, et ses habitans espérèrent un instant que, désormais délivrés de la domination turque, ils allaient faire partie de la monarchie autrichienne ; mais les affaires de France inquiétèrent bientôt trop vivement la cour de Vienne pour qu'elle ne désirât pas faire promptement la paix avec le Turc. Le successeur de Joseph II, Léopold, signa à Sistov, le 15 août 1791, un traité qui rétablissait le statu quo ante bellum, Belgrade retombait au pouvoir des Turcs. N'ayant pas réussi au siècle dernier à délivrer les Serbes de Turquie de la domination ottomane, l'Autriche leur dénie aujourd'hui le droit de s'affranchir eux-mêmes !

Après la mort de Joseph II, les Serbes espérèrent, — comme ils espéraient à tout avènement, — que leur sort allait s'améliorer, que leurs privilèges, longtemps tenus pour lettre-morte, devaient enfin recevoir une valeur constitutionnelle. Les états hongrois allaient se réunir ; le métropolitain serbe demanda à l'empereur-roi que les Serbes fussent représentés par quelques-uns d'entre eux dans la diète hongroise. La chancellerie hongroise fut d'avis que les états seuls pouvaient statuer sur cette demande. Léopold, passant outre et agréant la requête du métropolitain, fit envoyer des lettres de convocation à celui-ci et aux évêques serbes, mais la diète hongroise ne leur permit pas de siéger. Profitant des bonnes dispositions de l'empereur, le Métropolitain lui demanda l'autorisation de convoquer un congrès national, bien qu'il n'y eût pas de métropolitain à élire, mais pour que les Serbes pussent délibérer sur leurs affaires nationales et qu'ils fissent entendre leurs vœux au moment où la diète hongroise allait s'occuper de leur situation. L'empereur accéda à cette demande, malgré l'avis contraire de la chancellerie hongroise et du conseil de guerre de la cour. Le congrès fut ouvert en septembre 1790 : entre temps le métropolitain était mort, et le congrès avait à lui donner un successeur.

Les Serbes n'avaient pas perdu, sinon l'espoir, du moins le désir d'occuper un territoire distinct, de former une province de l'empire indépendante du royaume de Hongrie. Le premier acte de l'assemblée fut une requête à l'empereur qui se ramenait aux trois points suivans : 1° formation d'un territoire distinct et création d'une direction spéciale des affaires serbes au siège du gouvernement ; 2° libre exercice du culte de rite oriental, droit de bourgeoisie et accès aux emplois publics ; 3° concession éventuelle d'une constitution particulière aux confins militaires encore existans, au cas où ceux-ci seraient rendus à l'administration civile. Le commissaire de l'empereur au congrès, Schmiedfeld, ayant fait remarquer que la diète hongroise s'opposerait certainement à la création d'une province nouvelle aux dépens du territoire hongrois, cette prétention fut restreinte au banat, qui n'était point encore réincorporé à la Hongrie. La requête fut envoyée à Vienne, et les membres du congrès occupèrent le reste de leur session à élire le métropolitain et à organiser un système d'enseignement avec les fonds empruntés aux revenus de leur église nationale. L'empereur répondit à la requête par des paroles bienveillantes, mais la diète hongroise était loin de montrer des dispositions favorables, et, pour enlever aux Serbes tout prétexte de demander un territoire séparé, elle régla, sans retard la réincorporation du banat, décidée en principe depuis 1779 déjà. On en fit trois comitats, ceux de Torontál, de Ternes et de Krassó, et, ajoutant la région frontière aux confins déjà existans, on la partagea en trois régimens. Cette affaire réglée, la diète répondit aux Serbes qu'elle ne pouvait détacher en leur faveur aucune parcelle du territoire hongrois. Néanmoins elle ne pouvait refuser aux Serbes toute concession, surtout en ce qui touchait l'égalité de droits. Refusant aux Serbes la faveur de former une province séparée, elle ne pouvait en même temps les exclure de la société hongroise. Ces négociations aboutirent à l'article 27 de la loi de 1790-1791 ; cet article accordait le droit de bourgeoisie aux habitans du rite oriental, les déclarait aptes aux emplois, honneurs et dignités dans le royaume de Hongrie, et leur reconnaissait pleine liberté dans l'exercice de leur culte et dans l'administration de leurs biens ecclésiastiques et de leurs écoles. Les Serbes devenaient enfin citoyens hongrois.

Les Serbes n'étaient pourtant pas satisfaits. Ils ne gardaient leur autonomie que dans le domaine religieux, et, connaissant l'aristocratie magyare, ils se doutaient bien que l'égalité de droits qu'on leur promettait resterait illusoire. L'empereur Léopold, voulant faire davantage pour eux, rétablit l'ancienne députation aulique sous le nom de chancellerie aulique illyrienne, et la chargea d'examiner les réclamations des Serbes, notamment sur la question de la dîme : malgré les anciennes lois et les privilèges, les Serbes étaient contraints de payer la dîme à l'église catholique. La chancellerie illyrienne soumit à l'empereur un projet de décret qui donnait satisfaction à plusieurs griefs des Serbes ; la chancellerie hongroise et le conseil de guerre aulique étaient défavorables à ce projet. Sur ces entrefaites, Léopold mourut, et son successeur Joseph adopta une autre politique. Le contre-coup de la révolution française ne disposait pas le souverain en faveur des idées d'émancipation, et la noblesse magyare, avec son organisation féodale et sa passion dominatrice, donnait un solide appui au principe d'autorité. Dans ces conjonctures, l'empereur avait trop besoin de la Hongrie pour ne pas lui faire de concessions ; les Serbes l'apprirent à leurs dépens.

Le premier soin des Magyars fut de faire supprimer (en 1792) la chancellerie illyrienne, à peine établie. Les Serbes étant devenus citoyens hongrois, cette direction spéciale n'avait plus de raison d'être ; du reste, par compensation, les évêques serbes seraient admis à siéger dans la diète, et un certain nombre de Serbes devaient être attachés à la chancellerie hongroise et au conseil de lieutenance. Ces promesses devaient être en grande partie illusoires : les évêques serbes furent pendant longtemps (jusqu'en 1827) empêchés de siéger à la diète par la situation humiliante qu'on voulait leur donner après tous les députés, même laïques, quand les prélats catholiques formaient un ordre à part, ayant le pas sur tous les autres. Les Serbes n'eurent pas davantage dans l'administration centrale les places que leur promettait la loi de 1792. Cinquante ans plus tard, en 1843, le métropolitain serbe Rajatchitch protestait à la diète contre l'exclusion des emplois qui atteignait en fait ses compatriotes et ses coreligionnaires. « Quelque grands, disait-il, que soient le royaume de Hongrie et les pays qui y sont annexés, quelle que soit la multitude de places qui existent dans les conseils auliques et dans les autres corps chargés de la justice et de l'administration publique, on n'y trouve nulle part, à l'exception de deux secrétaires, un seul adhérent du culte grec oriental, pas un président, pas un conseiller, pas un seul fonctionnaire judiciaire ou politique d'ordre supérieur. Toutes les dignités, les charges lucratives et tous les honneurs sont plus ou moins partagés, mais seulement entre les catholiques et les protestans. Quant aux grecs-orientaux, ils ne peuvent chercher fortune que dans les camps ou dans les monastères. »

La loi de 1791 devait régler la situation des Serbes jusqu'en 1848. Ni le tumulte des guerres de l'empire, ni la longue période de l'absolutisme autrichien n'étaient favorables à un nouveau règlement en leur faveur. Les Serbes prirent part avec courage et fidélité à toutes les guerres de l'Autriche, et ils lui donnèrent plusieurs hommes de guerre qui tinrent une place honorable dans les rangs supérieurs de l'armée. Les Magyars se préparaient peu à peu à faire de leur langue la langue politique et officielle de la Hongrie. Les langues des autres nations de la Hongrie se développaient en même temps. La différence et les conflits de nationalités s'accentuaient ainsi davantage. C'est le moment où se fonde la littérature serbe.

III

La littérature serbe n'est pas née en Serbie ; elle est née en Hongrie à la fin du siècle dernier. Les Serbes de l'autre côté de la Save étaient encore sous cette domination ottomane qui, comme le mancenillier, fait la mort sous son ombre, et la tribu des Serbes monténégrins vivait libre, mais barbare, dans ses montagnes. Le premier Serbe qui écrivit sa langue fut Dosithée Obradovitch, né au village de Tchakovo, dans le banat de Temesvár, en 1739. Il s'affranchit de la tyrannie du slavon ecclésiastique pour écrire dans la langue parlée. Le slavon joue en effet dans l'histoire littéraire des peuples slaves orthodoxes le même rôle que le latin dans l'histoire des littératures romanes. C'est la langue de l'église, et par suite la langue des clercs, qui seuls écrivent dans les sociétés encore primitives. La langue traditionnelle, sacrée, inspire trop de respect et a conquis trop d'autorité sur les lettrés pour qu'on pense à la remplacer par le dialecte vulgaire que parle le peuple ou qu'on emploie en lui parlant. En vain la langue des clercs se corrompt et devient barbare par l'introduction de mots populaires ou de constructions nouvelles ; on continue à l'écrire par une sorte d'orgueil aristocratique. Alors surgit un homme d'audace ou de génie qui emploie la langue vulgaire, c'est-à-dire écrit comme on parle, pour que sa parole écrite arrive à ses compatriotes. Cette tentative de littérature facile semble d'abord peu dangereuse aux lettrés partisans de la langue savante ; mais ceux-ci, pour ne pas être délaissés et ignorés, sont enfin forcés d'adopter eux aussi l'idiome vulgaire : une littérature est née.

Les rares Serbes qui écrivirent au XVIIIe siècle avant Obradovitch écrivaient ou le slavon liturgique ou une langue hybride dont le slavon formait le principal élément. Obradovitch n'était pas un homme ordinaire, et sa vie est toute une odyssée. On le voit successivement moine à Opovo et au mont Athos, maître dans une école grecque de Smyrne. Vivant de leçons qu'il donnait, comme ces savans grecs de la renaissance ou du commencement de ce siècle (Coray, etc.), il visite l'Italie, reste six ans à Vienne, passe de nouveau en Italie, traverse Constantinople, la Moldavie, la Russie, s'arrête deux ans à Leipzig, passe en Angleterre, revient en Allemagne, continue encore ses pérégrinations et meurt en 1811, à Belgrade, précepteur des enfans de Kara-George. Sans doute, s'il n'avait vu les villes et les mœurs de tant d'hommes, il n'aurait pas eu l'idée originale d'écrire dans sa langue sa biographie et une traduction des fables d'Ésope. L'aisance, le naturel et la simplicité toute vivante de son langage furent comme une révélation. « Ses Fables, dit un écrivain serbe, M. Soubbotitch, fondèrent pour ainsi dire la littérature serbe ; elles apprirent à parler au peuple la langue qui lui convenait… C'était, ajoute-t-il, comme si un ami de la littérature serbe avait aujourd'hui la surprise, assistant à l'Opéra, d'entendre sous la musique des paroles serbes. » L'exemple d'Obradovitch trouva aussitôt des imitateurs, et même parmi les adeptes de la langue savante : ainsi Raïtch, qui avait précédemment écrit une histoire des peuples slaves dans un saxon mêlé de bulgare et de russe, écrivait en 1802 son Zvietnik en langue populaire.

Le réformateur avait fait école. Le slavon fut laissé à l'église et à la littérature ecclésiastique. Après Obradovitch, Serbe de Hongrie, le second fondateur de la littérature serbe fut un Serbe d'outre-Save, Vouk Stefanovitch Karadjitch. Établi à Vienne en Autriche, il y publia un recueil de chants et de contes populaires, une grammaire et un dictionnaire, donna à la langue une orthographe plus simple et en codifia pour ainsi dire les principes et l'usage. La réforme de Vouk ne fut pas sans rencontrer de l'opposition chez les lettrés serbes et surtout dans le clergé. Il dépossédait en effet de son prestige la langue ecclésiastique, langue qui, comme le latin en Occident, était commune à toutes les églises slaves et partant comprise des lettrés de tous les pays slaves, et il la remplaçait par la langue populaire, comprise seulement des Serbes. Ces préventions régnèrent encore longtemps dans le camp ecclésiastique, mais sans avoir aucune autorité au dehors. La ville de Novi-Sad, devançant Belgrade, encore turque, avait dès 1781 une imprimerie serbe créée par Emmanuel Jankovitch. Un journal serbe bi-hebdomadaire avait été fondé en 1791 à Vienne ; il vécut peu de temps. En 1813, Dimitri Davidovitch (né à Semlin en 1789) en fonda un autre qui dura jusqu'en 1822. Le principal obstacle que rencontrait la littérature serbe à sa naissance était la difficulté que les auteurs éprouvaient à se faire imprimer. Quelques écrivains eurent l'idée de demander à l'association les ressources qui leur manquaient et, après quelques tâtonnemens, ils fondèrent à Pesth la Matiça serbe : le nom allégorique de Matiça signifie « la reine des abeilles. » L'association admettait un nombre illimité de membres, et en retour de leur cotisation annuelle leur adressait les ouvrages publiés sur le budget commun. Par contre-coup, la Matiça réunissait et groupait tous les hommes qui prenaient à cœur le développement de la littérature et par suite de l'idée nationale. L'institution était heureuse, aussi fut-elle adoptée, avec le nom allégorique que lui avaient donné les Serbes, par les autres peuples slaves de l'empire d'Autriche, Tchèques, Croates, Slovaques, Slovènes et Ruthènes. A partir de 1825, la Matiça publia sous le titre de Letopis (annales) une revue trimestrielle, et à partir de 1828 une série d'ouvrages de littérature, inaugurée par une traduction du Zadig de Voltaire. L'activité de la Matiça ne se borna pas là, et, grâce à des dotations dont la gratifièrent de riches patriotes, elle put contribuer au progrès de l'instruction par de nombreuses bourses. Le développement de la Serbie indépendante devait lui faire perdre une partie de son importance : la création en 1847 de la Société scientifique de Belgrade, sorte d'académie nationale, déplaça le centre littéraire sertie, jusque-là en Hongrie. En 1865, la Matiça transporta son siège de Pesth à Novi-Sad, la principale ville serbe de la Hongrie. A la même époque se fondait dans cette ville une Société du théâtre national, qui réussit à créer un théâtre serbe à Novi-Sad ; les premiers acteurs furent des Serbes qui avaient figuré dans des troupes de cabotins allemands. Les revues, les journaux se fondaient [8]. Ce qui faisait l'importance de ce mouvement littéraire, c'est qu'il répandait dans les diverses classes de la nation serbe la vie politique, concentrée jusque-là dans le clergé. Un semblable réveil se manifestait au commencement de ce siècle chez les autres Slaves de l'empire. Le poète slovaque Kollar publiait en 1827 son fameux poème Slávy Dcera « la Fille de la gloire, » où il célébrait les grandeurs futures de la race slave ; ce poème exerça une grande influence sur la littérature des Slaves autrichiens. Un jeune écrivain croate, Louis Gaj, devenait le réformateur heureux de sa littérature nationale, et sa réforme avait en même temps une importance politique. Il voulait, pour préparer dans l'avenir une union plus effective, réunir dans une même langue littéraire les Slaves de Croatie, de Slavonie, de Hongrie, de Serbie, de Dalmatie et d'Istrie, en un mot les descendans de la même race que l'histoire et la religion ont divisés en Croates et en Serbes, et pour cette unité qu'il rêvait, il ressuscitait le nom d'Ulyrie et d'Illyrien. En même temps, il fondait un journal où il écrivait non plus le dialecte croate, mais le dialecte serbe. Il adoptait une orthographe qui se rattachait à celle de Karadjitch. La différence du serbe et du croate, en tant que langues écrites, n'était plus désormais qu'une différence d'alphabets.

Cette réforme est aujourd'hui universellement adoptée par les écrivains croates, mais ce ne fut pas sans luttes. Elle inspirait surtout de la défiance au clergé. Le clergé catholique de Croatie et de Slavonie craignait que l'emploi du dialecte serbe comme langue littéraire ne cachât des machinations anticatholiques et ne fût destiné à pousser les Croates vers l'église serbe de rite oriental. Le clergé serbe lui-même, conservateur des traditions nationales, les croyait menacées par ce nom d'illyrisme, et la réforme de l'orthographe lui semblait presqu'un sacrilège. Le métropolitain serbe s'était même opposé à ce qu'on introduisît la langue vulgaire dans les écoles. Déjà, en 1833, le prince Miloch de Serbie, gagné par son secrétaire, un des conservateurs de l'ancienne orthographe slavonne, avait interdit l'introduction dans la principauté de livres imprimés dans l'orthographe de Karadjitch ! Plusieurs écrivains serbes accusaient en même temps Gaj et les partisans de l'illyrisme de vouloir convertir les Serbes au catholicisme latin. La réforme de Gaj l'emporta enfin. Cette question, purement grammaticale en apparence, était si bien mêlée aux aspirations nationales, et ce nom d'illyrisme exprimait si bien la revendication d'une nationalité divisée et opprimée, que l'emploi de ce mot inquiéta le gouvernement autrichien. Au commencement de 1843, l'empereur Ferdinand signa un décret qui défendait d'employer les mots Illyrien, illyrisme, Illyrie, etc., « tant dans les feuilles publiques que dans tous les autres ouvrages imprimés, en particulier dans les débats publics et dans les écoles. » A partir de cette époque, les écrivains croates et serbes ont employé l'expression générique de Slaves du sud (Jougo-Slaves), et le gouvernement autrichien a bien voulu ne pas s'en alarmer. Un écrivain autrichien n'a pas craint de se rendre grotesque en racontant gravement que le pacha de Bosnie aurait écrit au commandant général d'Agram pour se plaindre de la propagande de Gaj !

Les Croates et les Serbes n'étaient pas les seules nations de la Hongrie chez lesquelles le mouvement national s'unissait à une renaissance littéraire. Dans le nord de la Hongrie, un autre peuple slave, les Slovaques, donnaient le même exemple ; les Ruthènes seuls restaient en arrière, et c'était le moment où les Magyars rejetant enfin la vieille langue officielle de la Hongrie, le latin, imposaient le magyar à la diète, à l'administration, aux registres de paroisse. La lutte s'accentue entre les différentes nationalités, et

26

principalement entre Magyars et Slaves. Dès 1840, c'est une guerre de paroles, de discours et de brochures. La discorde prépare ainsi la voie à la guerre civile que va provoquer l'ébranlement de 1848.

IV

La révolution de mars 1848 à Vienne et les événemens qui la suivirent causèrent une grande émotion, mais aussi une grande confusion d'idées en Hongrie. Le lendemain des révolutions, on croit aisément que l'âge d'or commence : la justice et la liberté vont seules régner sur la terre ! Bientôt on s'aperçoit que chacun entend ces grands mots à sa manière, et l'enthousiasme se change souvent en guerre civile. En Hongrie, les haines nationales s'apaisèrent tout d'un coup. Toutes les nations de la Hongrie n'allaient-elles pas profiter de l'ère de liberté qui s'ouvrait ? Dans cet enthousiasme universel, les Serbes de plusieurs villes adressèrent des adresses de confiance au ministère hongrois. Les confins, soumis au régime militaire, restèrent en dehors de ce mouvement, à l'exception de leurs petites villes, qui jouissaient d'une sorte de franchise et où il s'était formé une petite bourgeoisie.

C'est en Croatie que le désenchantement se produisit le plus tôt. Pour les Croates, la liberté dont l'aurore se levait, c'était la reconstitution et l'indépendance de l'ancien « royaume triple et un » regnum trinum et unum, c'est-à-dire l'union politique de la Croatie, de la Slavonie et de la Dalmatie. Un comité croate, dirigé par Gaj, convoqua une assemblée de patriotes croates, slavons et dalmates. Cette assemblée, d'origine révolutionnaire, se réunit à Agram le 25 mars, se prononça pour le maintien des liens assez lâches qui unissaient la Croatie à la Hongrie, mais elle déclara nécessaire à la sécurité et aux libertés de la Croatie de rétablir l'antique dignité de ban) et elle la confia au baron Joseph Jélatchitch, colonel d'un des régimens des confins. Le gouvernement de Vienne, pour ne pas paraître subir la pression d'Agram en confirmant son choix, confia par décret à Jélatchitch les fonctions de ban. C'était du reste un homme dévoué à la maison d'Autriche. On sait le rôle qu'il joua l'année suivante dans les guerres de la Hongrie. La diète hongroise, aussitôt réunie, s'occupa des affaires croates ; mais, tout en laissant à la Croatie un régime distinct, elle exigeait que le magyar y devînt la langue de l'administration, et elle ne voulait tolérer l'emploi du croate que dans les affaires purement locales. Imposer la langue magyare à un pays qui ne l'avait pas connue jusque-là, et où il n'y avait pas de Magyars, c'était affirmer dès le premier jour l'intention de magyariser toutes les nations de la Hongrie. C'est ainsi que les Magyars entendaient la liberté.

Les Serbes commencèrent à s'agiter, des réunions se tinrent dans leurs villes ; on délibéra sur le moyen d'obtenir la reconnaissance de l'autonomie serbe. Ils se regardaient comme étant dans la même situation et aussi libres qu'à l'arrivée de Tchernoïévitch en Hongrie : ils voulaient le rétablissement de la dignité de patriarche et de celle de voïvode, et ils demandaient que leur territoire formât une province distincte sous le nom de voïvodina (principauté) serbe. Une députation fut envoyée à la diète pour lui remettre une pétition où ces demandes étaient formulées. Kossuth répondit que les nationalités seraient respectées, mais que la langue magyare pouvait et devait seule les réunir. C'était contradictoire. Les membres de la députation allèrent trouver Kossuth chez lui pour ouvrir des négociations ; ils n'en purent rien obtenir. « En pareil cas, s'écria Kossuth, l'épée seule peut décider ! »

Quelques jours après, la diète votait l'égalité des cultes, le libre exercice du culte catholique de rite oriental et la convocation d'un congrès ecclésiastique serbe. Elle pensait satisfaire les Serbes par ces mesures ; mais ces derniers poussaient trop loin leurs revendications pour être satisfaits de ces concessions. Ils acceptèrent la provocation de Kossuth, et les villes serbes se prononcèrent contre le gouvernement hongrois. Le métropolitain Rajatchitch était un vieillard ami de la tranquillité ; mais, forcé par son peuple de prendre la direction du mouvement, il convoqua un congrès à Carlovci pour le 13 mai. Les revendications des Serbes ayant échoué auprès du parlement hongrois, l'assemblée décida de les présenter à Vienne à l'empereur-roi. Bien plus, le congrès résolut d'élire d'ores et déjà un patriarche et un voïvode. Le patriarche fut le métropolitain, et le voïvode Etienne Chouplikatz, colonel du régiment d'Ogulin. L'assemblée émit en même temps un vœu pour la constitution d'une voïevodina serbe et pour l'union de celle-ci avec les trois royaumes de Croatie, Slavonie et Dalmatie. C'était le programme de l'illyrisme. Avant de se séparer, le congrès organisait une sorte de gouvernement révolutionnaire dans un comité de quarante-huit membres chargé de poursuivre la réalisation du programme serbe. Le patriarche, accompagné d'une députation, devait soumettre à l'empereur les résolutions adoptées par le congrès.

Le congrès n'avait duré que deux jours ; quand il eut pris toutes ses mesures et organisé son comité, le gouvernement hongrois s'aperçut que les Serbes étaient en insurrection ouverte. Le comité, sommé de se dissoudre, ne tint pas compte de la sommation. Le comité avait mis à sa tête un jeune homme ardent dont le nom était prononcé il y a quelques semaines, George Stratimirovitch. Stratimirovitch appartenait à une ancienne famille de la Batchka qui avait donné à l'église serbe de. Hongrie un métropolitain resté populaire. Il avait été officier du génie dans l'armée autrichienne, mais il avait dû quitter le service à la suite d'événemens romanesques. Le comité vit bientôt son autorité reconnue par le peuple serbe, et, le gouvernement hongrois ayant fait appel a la force, les Serbes prirent les armes. L'insurrection, bornée d'abord à la région serbe soumise à l'autorité civile, gagna les confins. Plusieurs régimens des confins, malgré les efforts de leurs officiers supérieurs, se déclarèrent pour l'insurrection. Au bout de quinze jours, l'insurrection avait une armée de près de 15,000 hommes (parmi lesquels les soldats entraient pour une forte proportion) et 40 pièces de canon.

Il serait sans intérêt de raconter les péripéties de cette guérilla entre les Serbes et les troupes hongroises qui eut pour théâtre la Batchka et le banat. Il suffira d'en indiquer le caractère et les principales phases. Les Magyars parlaient avec mépris de « ces Rasciens qui se prétendent un peuple et ne sont qu'un ramassis de brigands ; » ce sont des paroles de Kossuth. Le comité serbe confia à Stratimirovitch le commandement des forces insurgées, et c'est là l'origine de son « généralat. » La principauté de Serbie envoya des volontaires, bien qu'officiellement le prince édictât des peines contre ceux de ses sujets qui passeraient la frontière. Ces volontaires, dont le nombre monta jusqu'à 12,000 à la fois, étaient commandés par un sénateur de la skoupchtina de Belgrade, Knijanine, homme énergique et habile : dans leurs rangs combattit un officier serbe qui devait plus tard être ministre de la guerre de la principauté, et un des tuteurs du prince Milan, le major Blasnavatz. Dans cette grande débâcle du royaume de Hongrie, l'empereur restait neutre entre les Serbes et les Hongrois ; mais lorsque les Hongrois se mirent en révolte ouverte, les Serbes se trouvèrent devenir les soldats de la légalité, et le ban croate Jélatchitch leur donna la main. Beaucoup d'officiers des confins qui s'étaient tenus à l'écart ou avaient quitté leurs régimens révoltés, firent adhésion au comité lorsque celui-ci se rencontra, par suite de circonstances, être du côté de l'empereur. Les commandans des places méridionales qui les défendaient contre les Serbes pour le gouvernement hongrois, Temesvár et Arad, se prononcèrent pour l'empereur. On était alors en octobre.

Les Serbes n'étaient pas unis ; il y avait une lutte sourde et une profonde rivalité entre le patriarche Rajatchitch et Stratimirovitch ; celui-ci avait vu le commandement militaire dévolu au colonel Mayerhofer, lorsque les Serbes, se trouvant du côté de l'empereur, durent accepter le chef que celui-ci leur envoyait. Le commandement avait ensuite passé au colonel Chouplikatz, élu voïvode au printemps, et qui revenait d'Italie : la cour le confirma dans cette dignité. Stratimirovitch essayait cependant, par des sortes de pronunciamientos, de reprendre le commandement des forces serbes. La plus grande confusion régnait au camp serbe ; plusieurs fois les Serbes ne furent sauvés que par l'énergie de Knijanine et par le désaccord qui régnait aussi au camp hongrois.

Cependant le patriarche agissait auprès de l'empereur pour obtenir qu'il sanctionnât les vœux émis par le congrès de mai. Il obtint enfin, le 15 décembre, un manifeste impérial dans ce sens. François-Joseph relevait la dignité de patriarche (en faveur de Rajatchitch), de voïvode (en faveur de Chouplikatz), et il ajoutait qu'après le rétablissement de la paix un de ses premiers soins serait de rétablir l'organisation intérieure et nationale des

Serbes. L'insurrection serbe était achevée ; les Serbes n'étaient plus que les auxiliaires de l'armée impériale en Hongrie. Dès les premières victoires de cette armée, en mars 1849, le gouvernement révolutionnaire des Serbes fut dissous, son drapeau remplacé par les couleurs impériales, la langue allemande introduite de nouveau dans les confins, et la loi martiale étendue des comitats magyars au territoire serbe. Knijanine rentra en Serbie avec les volontaires qu'il commandait. En reconnaissance des services rendus par les troupes serbes, le gouvernement autrichien confirma dans leur grade de généraux révolutionnaires Knijanine et Stratimirovitch, comme plus tard le gouvernement italien devait faire pour les « généraux » des bandes garibaldiennes [9]. La constitution qu'octroya François-Joseph promettait une organisation spéciale à la « voïvodina de Serbie, » mais maintenait l'organisation des confins. Les Magyars n'étaient pas vaincus ; on sait qu'ils ne le furent que dans la campagne de 1849, à la suite de l'intervention russe. On sait aussi quel rôle jouèrent dans cette lutte les troupes croates du ban Jélatchitch. Il ne se passa dans la Batchka et dans le banat aucun fait de guerre important, sinon quelques engagemens où les forces serbes, désorganisées, eurent le dessous.

Les Slaves de la monarchie avaient pris parti pour l'empereur, mais ils en furent mal récompensés : au despotisme du parti hongrois succéda la réaction allemande. La même impitoyable répression atteignit toutes les nations de la Hongrie, les ennemis des Magyars aussi bien que les Magyars eux-mêmes. On désarma les Serbes, leur administration nationale fut dissoute ; leurs journaux subirent les mêmes rigueurs que les journaux magyars ; les membres de l'ancien comité furent expulsés. Et en effet l'autorité impériale, victorieuse de la révolution, ne pouvait laisser subsister aucune organisation révolutionnaire, pas même celles qui avaient été indirectement ses auxiliaires. Notons un détail de l'histoire du temps, bien qu'il n'ait à nos yeux qu'une mince importance : l'empereur Nicolas, s'intéressant au sort de ses coreligionnaires, fit distribuer à ses frais de nouveaux livres liturgiques aux églises serbes que les Magyars avaient pillées.

Les Serbes néanmoins n'avaient lieu de se plaindre qu'à moitié. En considération des services qu'ils avaient rendus pendant la guerre de Hongrie, l'empereur, par une patente du 18 novembre 1849, forma un territoire spécial des districts serbes qui étaient en dehors des confins, c'est-à-dire de la Batchka, du banat de Temesvár (soit les comitats de Bácz-Bodrog, de Torontál, de la Temes et de Krassó), et de deux districts du comitat de Sirmie. Ce territoire devait s'appeler « voïvodina de Serbie et banat de Temesvár, » et avoir une administration spéciale. « Afin, disait l'empereur, de donner à la nation serbe de notre empire, conformément aux vœux qu'elle nous a exprimés, un témoignage de reconnaissance qui honore ses souvenirs nationaux et historiques, nous sommes disposé à ajouter à notre titre impérial celui de grand-voïvode de la voïvodina de Serbie, et à conférer au chef administratif du territoire de la voïvodina le titre de vice-voïvode. Nous attendons du peuple serbe que, fortifié dans son attachement et dans sa fidélité envers notre maison impériale par le double témoignage que nous lui donnons actuellement de notre bienveillance et de notre grâce, il vivra dans un lien intime avec la monarchie tout entière, dans une union pacifique et bien réglée de nations jouissant des mêmes droits et dans une égale participation aux institutions accordées à tous les peuples de notre empire, le gage le plus sûr de son développement progressif, de sa prospérité croissante et de celle du pays qu'il habite. » Tel fut pour les Serbes de la Hongrie propre (les confins étant exceptés) le résultat de la révolution et de la guerre hongroise de 18Â8-1849. Suivant l'usage, les promesses et les engagemens du gouvernement de Vienne ne se réalisèrent qu'en partie, et en effet on n'avait pas réprimé la puissante insurrection hongroise pour accorder au petit peuple serbe ce qu'on avait refusé aux Magyars. Ce qui avait vaincu et ce qui s'imposait aux populations autrichiennes avec le ministère Bach, c'était la bureaucratie autrichienne et la germanisation. Dès 1851, le titre de vice-voïvode était supprimé. Un général autrichien, le comte Coronini, fut investi des pouvoirs civils et militaires. Les emplois furent confiés à des fonctionnaires allemands, la langue allemande fut imposée comme langue exclusive de l'administration [10]. La voïvodina était une province autrichienne avec un nom slave, rien de plus. En effet, elle ne comprenait qu'une fraction des Serbes de la monarchie, les confins subsistant à côté de la voïvodina, et on ne l'avait pas délimitée d'après les strictes limites de la population serbe, de sorte que les autres nationalités, principalement Roumains et Allemands, formaient, réunies, un total plus nombreux que le chiffre des Serbes.

Nous avons vu des Serbes de la principauté venir en 1848 faire campagne en Hongrie dans les rangs de l'insurrection serbe. Les événemens du Monténégro, en 1851-1852, montrèrent une fois de plus la solidarité de la race serbe tout entière. Des difficultés s'étaient élevées entre la Porte et le Monténégro et en vinrent à une lutte armée. Une sympathie active se manifesta chez les Serbes de Hongrie comme chez les autres tribus de la race serbe ; le gouvernement autrichien, y voyant une agitation panslaviste, la réprima énergiquement. Le journal serbe de Novi-Sad fut menacé de poursuites ; mais la Porte avait donné asile à des réfugiés hongrois : on changea d'attitude et encouragea secrètement les Monténégrins et leurs amis de Hongrie. De l'aveu du gouvernement autrichien, Stratimirovitch se rendit à Cettinje, et des volontaires serbes allèrent joindre l'armée monténégrine ; puis, la Porte ayant donné satisfaction au cabinet de Vienne, celui-ci fit volte-face et combattit de nouveau l'agitation slave en faveur du Monténégro. On arrêta l'évêque serbe de Bude et plusieurs personnages influens parmi les Serbes. L'apôtre de l'union illyrienne, Gaj, eut le même sort à Agram. C'était un spectacle analogue à celui auquel nous assistons aujourd'hui en Hongrie dans des circonstances semblables.

C'est dans les graves modifications constitutionnelles qui furent pour l'Europe et principalement pour la Hongrie la conséquence des défaites de 1859 et de 1866 que nous reprenons l'histoire des revendications serbes [11] ; mais le clergé n'est plus le seul représentant de la nation serbe, il s'est formé une bourgeoisie qui a pris la direction du mouvement national. C'est elle qui joue le rôle le plus important dans les événemens de ces quinze dernières années ; le clergé serbe est aujourd'hui tout à fait effacé. La lutte avec les Magyars recommençait plus ardente que jamais, car l'empire chancelant faisait appel au concours de ceux-ci, et c'était concession pour concession. Le 27 décembre 1860, une patente impériale réunissait la voïvodina à la Hongrie. En 1861, les Serbes ayant obtenu l'autorisation de tenir un congrès, revendiquent encore, avec l'obstination qui caractérise leur histoire en Hongrie, leur constitution et un territoire séparé, gouverné par un voïvode élu par eux, avec le serbe comme langue de l'administration et de la justice : en un mot, le privilège d'être dans la Hongrie ce que la Hongrie était elle-même dans l'empire. Il est inutile de remarquer que ce furent là de vaines revendications, et que les Serbes ne se préparaient que des déceptions. Dans ce congrès se distingue un homme jeune, ardent, intrépide, qui devait devenir le chef du parti serbe en Hongrie, Svétosar Milétitch. Les Magyars, en reprenant leur indépendance, entendaient reprendre en même temps leur domination sur les autres nationalités de la Hongrie. L'empereur, par un rescrit du 21 juillet 1861, avait invité la diète hongroise à faire une loi spéciale sur les nationalités ; la diète, dans sa réponse du 12 août, répondit qu'il n'était nullement besoin d'une loi semblable, que la législation de 1848 suffisait, et que les lois de 1830, de 1840 et de 1844 reconnaissaient la suprématie de la langue magyare. Le 21 août, la diète fut dissoute par l'empereur.

Les défaites de 1866 forcèrent l'empereur à faire de nouvelles concessions aux Magyars ; le dualisme partagea l'empire en deux états, l'un livré aux Allemands, l'autre aux Magyars. Dès le 19 novembre, la diète de Hongrie fut ouverte et reçut la promesse d'un gouvernement autonome. L'adresse par laquelle cette assemblée répondit au discours du trône parlait de la nation hongroise. Stratimirovitch proposa par un amendement l'expression : les nations de la Hongrie. Mais de semblables réclamations n'étaient que des protestations. La diète croate avait demandé pour le royaume tri-unitaire une autonomie semblable à celle de la Hongrie ; elle fut dissoute.

C'est à cette époque qui marque le renouvellement des luttes des nationalités en Hongrie que se fonde chez la jeunesse serbe une association destinée à faire grand bruit, l'Omladina, littéralement « l'association de la jeunesse. » — « Au mois d'août 1866, nous dit M. Picot, les étudians de

Novi-Sad avaient organisé une espèce de congrès auquel avaient pris part des députations venues de différentes villes de Hongrie et de Serbie ; ils s'étaient proclamés solidaires les uns des autres, avaient résolu de travailler de concert à l'éducation nationale par la publication d'un journal et de livres d'enseignement édités à frais communs ; enfin ils avaient décidé qu'ils s'assembleraient chaque année dans une ville indiquée d'avance, afin de resserrer par un commerce régulier les liens qui les unissaient déjà. L'association, qui n'avait d'abord qu'un but purement littéraire, ne pouvait manquer de prendre un caractère politique. Tous ceux qui avaient à cœur le progrès national, qui rêvaient de voir les Serbes occuper définitivement une place parmi les peuples européens, s'empressèrent de participer à l'œuvre patriotique des étudians de Novi-Sad. En quelques mois, l'Omladina s'étendit dans toutes les provinces habitées par les Serbes, et constitua non plus une simple société mais un parti considérable. Ce parti donnait son entière approbation à la ligne de conduite suivie par Soubbotitch et Milétitch, et revendiquait les droits imprescriptibles du peuple serbe ; il n'était pas hostile aux Magyars par principe, mais croyait l'entente impossible tant que l'égalité des races ne serait pas reconnue. » Ce parti de la jeune Serbie, qui survécut à l'association de l'Omladina, dissoute en 1873, prit aussitôt la direction du mouvement national, malgré les difficultés que lui créa le gouvernement hongrois, malgré l'animosité jalouse d'une partie du clergé serbe, malgré l'hostilité des hommes qui gouvernaient alors à Belgrade.

Le cabinet de Belgrade se proposait en effet de se ménager les bonnes grâces du gouvernement hongrois. En 1867, lorsque l'Omladina voulut tenir sa seconde réunion à Belgrade, la réunion fut dispersée par le gouvernement serbe. L'hostilité entre l'Omladina et les ministres de Belgrade passa à l'état aigu, et lorsque le prince Michel de Serbie fut assassiné en 1868, le ministre serbe Hristitch [12] en profita pour essayer de discréditer l'Omladina en la dénonçant comme instigatrice du complot. Le crime avait été en effet préparé en Hongrie, mais par des partisans du prétendant Kara-Georgiévitch. Le cabinet de Pesth, heureux d'avoir une occasion de sévir contre la fraction la plus ardente du parti serbe, fit arrêter comme complices de ce meurtre plusieurs membres de l'Omladina. Il ne put faire arrêter Milétitch, couvert par sa qualité de membre de la diète, mais il le suspendit de ses fonctions de maire de Novi-Sad. Milétitch interpella le gouvernement à la diète sur ces arrestations arbitraires, et sur le soupçon odieux qu'on faisait peser sur lui : « Si je suis un assassin, s'écria-t-il, pendez-moi, mais n'essayez pas de justifier par cette accusation ma destitution du poste de maire. » Le ministre hongrois répondit que cette mesure avait été prise par égard pour le gouvernement serbe. L'accusation manquait de fondement ; les personnes arrêtées durent être relâchées sans avoir été poursuivies. En même temps, la régence organisée à Belgrade au nom du prince Milan adoptait une politique différente et indépendante de toute pression du cabinet de Pesth.

Une des questions auxquelles l'Omladina (et nous employons désormais ce nom d'une façon générale pour désigner le parti des Jeunes-Serbes en Hongrie) attachait, et avec raison, le plus d'importance, était la question des écoles et de l'enseignement du peuple. En effet, dans les pays de langues mêlées, la prédominance de la langue imposée aux écoles et l'esprit de l'enseignement exercent une influence considérable sur les futures générations. Avec l'aide du temps, ces influences absorbent les nationalités inertes (témoin les Slaves de Lusace) et entament les plus vivaces (témoin la Pologne prussienne). La loi scolaire votée en 1868 par la diète hongroise ne manqua pas de s'inspirer de ces principes. « Aux termes de cette loi, dit M. Picot, les établissemens consacrés à l'instruction populaire, c'est-à-dire les écoles primaires, professionnelles et normales, sont divisés en deux classes : les établissemens de l'état, où l'enseignement est laïque, et les établissemens que les diverses confessions religieuses sont autorisées à fonder pour leurs adhérent. Dans les premiers, l'enseignement doit être fait en langue magyare, les autres idiomes du pays n'étant plus qu'un accessoire purement facultatif ; dans les seconds, au contraire, la langue de l'enseignement peut être choisie par la confession qui entretient l'école, à charge toutefois d'y faire entrer certaines matières obligatoires. Ces matières obligatoires varient suivant le degré auquel l'école appartient : ainsi, dans les écoles normales primaires que l'église serbe peut créer, les élèves-maîtres sont tenus d'apprendre l'allemand à côté du magyar ; c'est une concession faite au dualisme aux dépens des idiomes slaves ou du roumain. » On le voit, pour avoir des écoles où l'enseignement se donnât dans leur langue, les nations non magyares de la Hongrie devaient ouvrir des écoles confessionnelles et les entretenir à leurs frais. C'était une liberté précaire, semée d'obstacles et de difficultés.

Ce fut la question principale débattue dans le congrès ecclésiastique que le patriarche serbe fut autorisé à convoquer en juin 1868. Par suite de la loi hongroise, l'enseignement populaire dans le sens national se trouvait indissolublement rattaché à l'organisation et à l'administration de l'église serbe. Le congrès se composait de délégués ecclésiastiques et de délégués laïques des communes. Le parti libéral ou de la Jeune-Serbie résolut, dût-il engager la lutte avec le haut clergé, de conquérir à l'élément laïque une part d'influence et de direction, et de consacrer à l'instruction les revenus des couvens. Inutile de dire que le clergé n'était guère disposé à de semblables sacrifices : le patriarche déclara qu'on voulait détruire l'église et supprimer le clergé, « séparer les fils de leur père et arracher les enfans à leur mère, l'église, qui les a engendrés par le Saint-Esprit et les a nourris du lait de sa bénédiction. » Les membres cléricaux s'étant retirés en masse, le patriarche déclara le congrès dissous comme n'étant pas en nombre. Ce patriarche mourut au commencement de 1870, de sorte que le congrès dut être convoqué pour lui donner un successeur. Les libéraux y avaient la majorité. Ils en profitèrent pour restreindre le domaine de l'autorité ecclésiastique.

Il nous faut dire un mot de ces résolutions, car, bien qu'en apparence elles ne traitent que de discipline ecclésiastique, elles ont une portée beaucoup plus grande. Elles montrent et consacrent l'émancipation de la nation serbe et le triomphe de la société civile sur une tradition théocratique ; elles montrent aussi l'habileté avec laquelle les Serbes tirent parti de l'autonomie religieuse que leur laissait la loi hongroise. Les évêques étaient jusque-là les représentans de la nation serbe ; le congrès réduisit aux questions purement dogmatiques la compétence des synodes épiscopaux. Les évêques étaient élus par les synodes, le congrès s'en réserva la nomination. La présidence du congrès appartenait de droit au patriarche, elle fut déclarée élective. En outre, le congrès s'attribua la faculté de choisir le patriarche même en dehors des évêques. Les évêques protestèrent contre ces mesures radicales ; la majorité du congrès passa outre, et elle décida que les délégués ecclésiastiques seraient nommés dorénavant non plus par le clergé, mais au suffrage universel, comme les délégués laïques. Le congrès se transformait ainsi en parlement populaire, en convention au petit pied, et l'on peut s'étonner que ses membres n'aient pas craint de donner au gouvernement de Pesth un prétexte pour dissoudre le congrès et peut-être même pour supprimer cette institution.

Le congrès renfermait le clergé dans l'église ; il voulut en même temps en régler la dotation, supprimer les bénéfices somptueux, assurer aux différentes classes du clergé un traitement fixe, et affecter l'excédant aux écoles nationales. Néanmoins en 1870 il ne vota qu'une enquête ; cette réforme ne fut définitivement accomplie que dans la session de 1871. La gestion des biens ecclésiastiques fut confiée à un comité qui devait en tenir le budget. D'autre part, l'assemblée créa deux écoles normales primaires [13]. Ainsi, sous le nom de Congrès national ecclésiastique, les Serbes ont une sorte de parlement qui, s'il doit s'abstenir des questions politiques, a dans son domaine toutes les questions ecclésiastiques et scolaires. L'élément laïque le compose pour les deux tiers et possède ainsi la part principale dans l'administration de l'église nationale et des biens ecclésiastiques. Le congrès du reste est à bien des égards dans la dépendance du gouvernement hongrois, sans l'autorisation duquel il ne peut se réunir et dont l'approbation est indispensable à ses résolutions. Le gouvernement, par mesure de surveillance, a également le droit de se faire représenter dans cette assemblée par un commissaire spécial. Depuis 1874, l'empereur-roi s'est attribué le droit de ne pas ratifier l'élection du patriarche et de demander un nouveau choix au congrès.

La suppression des confins militaires terminera notre histoire politique des Serbes de Hongrie. Cette organisation était certainement surannée, bien qu'une institution analogue se conserve encore dans un des états les plus civilisés de l'Europe, l'armée de l'Indelta en Suède ; mais en Hongrie cet embrigadement d'une population entière, soumise en toute chose à l'autorité militaire, se compliquait du communisme traditionnel des Slaves du sud. L'individu ne possédait rien en propre, la zadrouga ou communauté de famille (plus exactement de familles) était seule propriétaire. Pourtant la diète et le gouvernement de la Hongrie s'inquiétaient moins de voir subsister un ordre social suranné que de voir les confins indépendans du royaume de la Hongrie : les rendre à la vie civile, c'était les annexer aux comitats hongrois, c'était agrandir la Hongrie. Les régimens des confins de la région croate slavonne furent annexés aux comitats du royaume de Croatie et de Slavonie et ainsi rattachés à leur propre race ; mais les régimens de la région proprement hongroise (Batchka et banat) furent annexés aux comitats hongrois et passèrent du militarisme germanique à la magyarisation. Aussi, malgré les bienfaits de ce changement de régime et malgré les heureuses conséquences de cette réforme au point de vue civil et social, n'est-ce pas sans mécontentement et sans pétitions à l'empereur que les confinistes devinrent citoyens hongrois. Le parti serbe voyait ainsi disparaître son espoir de voïvodina, dont les confins faisaient comme une première assise. Néanmoins cette annexion augmentait les forces numériques du parti serbe et lui donnait l'espoir de conquérir quelques sièges de plus dans la diète.

V

L'histoire que nous venons de raconter, toute abrégée et toute privée de détails qu'elle soit, a pu paraître au lecteur longue, compliquée, et peut-être obscure par sa complication même. Ce n'est pas notre faute si dans ces régions de l'Europe orientale il n'existe rien d'analogue à l'unité des états occidentaux, si les nations s'enchevêtrent les unes dans les autres, si des institutions particulières limitent l'autorité de l'état, si les questions religieuses ont une importance nationale, et si les aspirations révolutionnaires se mêlent aux revendications du droit historique. Pour comprendre cette concordia discors, cette macédoine qui s'appelle le royaume de Hongrie, il ne faut pas seulement isoler l'histoire de chaque nationalité, on doit encore suivre celle-ci dans ses formes les plus diverses : ainsi avons-nous fait avec les Serbes. Il nous reste à dire ce qu'ils sont à l'heure actuelle, quelle est leur activité politique, quel est leur programme, et quelle influence ils exercent, par réaction, sur le gouvernement hongrois.

La race serbe, prise dans sa totalité, forme près de 4 millions d'âmes [14]. Sur ce nombre, environ un tiers fait partie de l'empire austro-hongrois, c'est-à-dire que s'il y a moins de Serbes en Autriche-Hongrie qu'en Turquie, il y en a plus que dans la principauté de Serbie. Les Serbes de la Dalmatie et de l'Istrie, un peu plus de 400,000, n'ont pas l'histoire et la vie politique des

Serbes de Hongrie. Ils n'ont pas comme ces derniers quitté depuis quatre siècles leurs anciens établissemens, ils n'ont eu ni privilèges ni organisation distincte, et dans la barbarie où les a laissés la longue domination vénitienne, ils ne se sont pas, en dehors des villes du moins, intéressés aux destinées de leur race. L'échauffourée des Souches du Cattaro, en 1869, n'avait aucune signification politique. Séparés de la principauté de Serbie par toute la largeur de la Bosnie et de l'Herzégovine, les Dalmates ne pouvaient subir l'influence et l'attraction de ce centre politique de la nation serbe ; il faut aussi noter qu'ils sont en grande majorité catholiques de rite latin. Ils se sont bornés à suivre avec sympathie l'insurrection des provinces voisines, et lui ont fourni peu de volontaires. Mais la vie nationale s'éveillerait certainement chez eux s'ils confinaient non plus à une Bosnie turque, mais à un royaume de Serbie, et ce royaume de Serbie lui-même, enfermé et comme étouffé dans l'intérieur des terres, serait tôt ou tard obligé de convoiter et de revendiquer la Dalmatie, pour avoir accès à la mer et pour posséder une marine. Cette marine existe, valeureuse, expérimentée ; c'est la marine autrichienne, c'est la flotte de Lissa, recrutée presque entièrement de matelots dalmates et istriens [15]. Mais alors que deviendrait la marine autrichienne, et, l'Autriche restât-elle à Trieste, où lèverait-elle ses matelots ? Cette hypothèse ne pourrait certainement se réaliser que dans une époque bien lointaine et à la suite d'une guerre générale, mais il suffit qu'on puisse sans exagération l'évoquer (et la nature semble avoir marqué là la place d'un état croato-serbe) pour que l'Autriche s'effraie de l'affranchissement et de l'indépendance nationale des Serbes de la Turquie.

En Hongrie, c'est une crainte analogue qui rend les Magyars et le gouvernement hongrois hostiles à la principauté de Serbie. Le million de Serbes de Hongrie s'étend en Croatie, Slavonie et Hongrie propre comme un ruban sur la frontière bosniaque d'abord, puis sur la frontière serbe. Tout l'espace compris entre la Drave et la Save est entièrement serbe. Bien plus, les Serbes débordent au-delà de la Drave et au-delà du Danube, dans la Batchka et dans le banat de Temesvár. Le confluent de la Tisza (Theiss) et du Danube d'une part, et celui de la Temes et du Danube d'autre part, sont entourés de populations serbes. Là aucune frontière naturelle ne les sépare des Magyars et des Roumains auxquels ils se mêlent. ils y ont été amenés par ce grand mouvement d'émigration qui a suivi la chute de l'empire serbe, par cette poussée qui les a rejetés en dehors de leur premier établissement, si bien que le centre historique de leur race et le foyer de leur puissance passée, le pays qui porte encore leur nom dans l'appellation de Vieille-Serbie (c'est le pachalik de Novi-Bazar) est aujourd'hui en partie albanais. Quoi qu'il arrive et surtout s'il se fonde un royaume de Serbie, les Serbes ne se maintiendront pas dans la Batchka et dans le banat, où déjà leur langue recule devant celles de leurs voisins. Ainsi dans la Batchka, le magyar avance et dans le banat l'allemand et le roumain, surtout ce dernier.

Si la principauté de Serbie parvient à s'affranchir et à s'agrandir, il est probable que les Serbes hongrois reflueront en partie vers la Serbie et que le reste sera absorbé.

C'est un phénomène curieux de voir le progrès de l'élément roumain sur l'élément serbe dans le banat. Ce n'est du reste qu'un exemple particulier de la ténacité de l'élément latin et de ses victoires sur les autres élémens avec lesquels il entre en contact ; ainsi l'allemand recule devant l'italien en Tyrol et devant le français dans les vallées des Vosges. La nationalité roumaine a résisté pendant tout le moyen âge à l'influence slave qui avait pourtant profondément pénétré sa langue et sa liturgie ; elle résiste aux Allemands et aux Magyars de la Transylvanie, qu'elle élimine lentement ; elle absorbe les Serbes. « Il suffit, dit un proverbe serbe, qu'une femme roumaine vive dans une maison pour que toute la maison devienne roumaine. » Les Roumains n'apprennent pas la langue de leurs voisins et forcent ceux-ci à apprendre la leur. Cette transformation se fait presqu'à vue d'œil dans la partie serbo-roumaine du banat. Des villages, serbes il y a trente ans, sont aujourd'hui roumanisés ; les habitans ne parlent plus serbe qu'entre eux. Du reste, les races serbe et roumaine de la Hongrie n'entretiennent aucune hostilité ; bien plus rapprochées par l'identité de religion et par la lutte avec un ennemi commun, la domination magyare, elles font preuve de fraternité politique dans les élections et s'entendent pour porter ensemble les candidats qu'elles se partagent. Les Serbes votent ici pour le candidat roumain, les Roumains donnent là leurs voix au candidat serbe.

Ce n'est pas en effet sans difficulté que les nationalités de la Hongrie font passer leurs candidats malgré la pression et les manœuvres du gouvernement hongrois, et leurs chefs politiques doivent souvent payer pour leur cause. L'histoire de M. Milétitch, l'un des principaux chefs du parti serbe, en est la preuve éloquente. Nous avons dit qu'on avait essayé de l'impliquer dans le meurtre du prince Michel de Serbie, et que cette ridicule accusation avait dû être abandonnée. En 1870, on l'enlevait aux délibérations du congrès serbe. La diète de Hongrie avait accordé l'autorisation de le poursuivre pour un article de son journal la Zastava (le Drapeau). Afin que son siège à la diète ne fût pas perdu pour son parti, M. Milétitch donna sa démission, et la ville de Novi-Sad le remplaça par un de ses amis. Il fut condamné à un an de prison par les tribunaux de Pesth, et le gouvernement hongrois appliqua cette peine avec tant de rigueur, que M. Milétitch ne put obtenir l'autorisation d'aller fermer les yeux à une de ses filles, morte pendant sa détention ! Sa sortie de prison et son retour au milieu des Serbes fut un triomphe. Des députations venues de plus de cinquante communes l'acclamèrent à sa rentrée dans Novi-Sad. Les journaux nous apprenaient, il y a un mois, que, malgré l'inviolabilité que lui donne son caractère de membre de la diète, M. Milétitch a été arrêté à Novi-Sad sous la grosse, mais étrange accusation de haute trahison [16]. Être

Serbe, c'est-à-dire espérer le triomphe de la Serbie, envoyer de la charpie et de l'argent à Belgrade, essayer d'y faire passer des volontaires, conspirer contre la Turquie, c'est donc conspirer contre l'Autriche !

La frontière politique entre la Hongrie et la Serbie sépare les deux fractions de la race serbe comme une grille séparerait les eaux d'un fleuve. Nous avons vu la littérature serbe naître en Hongrie, les savans serbes de Hongrie, les Obradovitch, les Filipovitch, les Danitchitch, aller se fixer à Belgrade; tous les jours des professeurs, des médecins, des commerçans, des ouvriers, des paysans même, regagnant la patrie de leurs arrière-ancêtres, vont s'établir en Serbie. Des Serbes, anciens officiers de l'armée autrichienne, sont venus prendre du service dans l'armée serbe. Si le général Zách est un Tchèque établi depuis vingt-cinq ans en Serbie, et si son chef d'état-major Kalinitch [17] est un Croate, le chef d'état-major de l'armée de la Drina, Oreskovitch, est un ancien capitaine de l'armée autrichienne, et dans la même armée les volontaires bosniaques sont commandés par un Serbe du banat, Putnik, qui a joué un rôle assez brillant dans l'insurrection de 1848 en Hongrie. Ce ne sont pas les seuls, et plus d'un Serbe patriote est venu de Hongrie prendre part à la guerre nationale. Si quelqu'un s'en étonne, il ignore qu'en 1848 près de quinze mille volontaires de la principauté de Serbie se sont enrôlés dans l'insurrection serbe de Hongrie. Les Hongrois s'en souviennent, et par rancune autant que par neutralité, ferment leur frontière.

Le gouvernement hongrois poursuit et réprime ces sympathies comme il ferait d'un complot contre sa propre sécurité. Il a évoqué le spectre de l'Omladina [18], désorganisée en 1873, pour en faire un nouveau carbonarisme, suspend des municipalités, dissout des tribunaux (celui de Velika-Kikinda), il fait arrêter les gens soupçonnés d'avoir souscrit à l'emprunt serbe,... et il a créé justement par ces mesures l'agitation qu'il prétendait apaiser. Les journaux hongrois réclamaient des mesures plus sévères encore, et à les entendre, on aurait cru le royaume de Hongrie en danger. Des deux côtés on se rappelle les événemens de 1848. Il semble que, mécontent de ne pouvoir faire entrer son armée en Serbie ou de ne pouvoir annexer cette Bosnie que M. Andrassy déclarait en 1869 une dépendance historique de la couronne de saint Étienne, le gouvernement austro-hongrois veuille par rancune aider indirectement la Turquie à étouffer l'insurrection des chrétiens slaves. Involontairement on se rappelle les beaux vers des Orientales, où le poète, après avoir célébré l'alliance de Navarin (sainte alliance s'il en fat I), interpelle celle qui aujourd'hui semble mériter une seconde fois la même apostrophe :

Je te retrouve, Autriche ! — Oui, la voilà, c'est elle !

Non pas ici, mais là, — dans la flotte infidèle,

Parmi les rangs chrétiens en vain l'on te chercha ! ..

Ce n'est pourtant pas sans raison que les politiques magyars, qu'ils siègent à droite, au centre ou à gauche, sont sans exception partisans de la Turquie et des Turcs. Le général Klapka, ce vétéran de la révolution magyare de 1848, n'a-t-il pas été offrir son épée à la Turquie ? L'instinct devine ici l'intérêt. Il n'y a pas seulement analogie dans l'histoire des Magyars et des Turcs ; des deux côtés, c'est une horde asiatique qui s'est établie en conquérante au milieu de races étrangères, à cela près qu'en se convertissant au christianisme et à la civilisation les Magyars ont donné un titre légitime à leur possession. Mais des deux côtés c'est une race minorité, gouvernant des races hostiles dont la réunion constitue la majorité, et ce sont pour une partie les mêmes races dont la sujétion fait la raison d'être et la grandeur des deux empires hongrois et turc. Qu'on enlève à la Hongrie les territoires slave et roumain, qu'on la limite a la plaine où habitent les Magyars, et la Hongrie ne tiendra pas plus de place en Europe que la Hollande. C'est pour éloigner cette effrayante éventualité que les Magyars travaillent de leur main forte et rude à magyariser les nations de la Hongrie et à maintenir le statu quo dans l'Europe orientale. Une pierre enlevée au mur pourrait amener plus tard l'écroulement de leur maison. Vis-à-vis des Slaves du sud, la Hongrie et la Turquie sont solidaires, absolument comme le sont dans la question polonaise les trois puissances qui se sont partagé la Pologne.

Pesth et Belgrade ne seront jamais que rivales et ennemies ; c'est dans la nature des choses. Les politiques de Belgrade avaient quelque temps essayé de s'appuyer sur l'Autriche ; mais du jour où les Magyars furent les maîtres en Hongrie, la Serbie dut renoncer à cette chimère, et elle le fit avec éclat. En 1871, le prince Milan alla présenter ses hommages à l'empereur de Russie à Livadia, et lorsque l'année suivante François-Joseph visita la Hongrie méridionale, le jeune prince serbe ne jugea pas à propos d'aller saluer son puissant voisin. Quelques mois après, la Serbie célébrait le couronnement du prince Milan, arrivé à sa majorité. Les Serbes de Hongrie se proposaient d'envoyer des députations à cette cérémonie. Le gouvernement de Pesth interdit aux sujets hongrois de s'y rendre. Quelques Serbes hongrois qui s'y étaient rendus malgré cette défense furent arrêtés à leur retour.

Le puissant empire austro-hongrois redoute-t-il donc si fort la création d'une Serbie qui au lieu de 1,300,000 âmes en aurait à peine le double ? Mais craindre cette éventualité ou du moins paraître la craindre, n'est-ce pas avouer sa faiblesse, n'est-ce pas dire au monde qu'on a les pieds d'argile ? Il est vrai que, si cet état serbe arrive quelque jour à se fonder, si cet autre Piémont se relève de sa défaite de Novare, bien qu'il soit condamné à rester longtemps faible, pauvre et obscur, il aura en revanche cette solidité que donne l'unité nationale et morale, cette force qui s'inspire de l'espoir d'un grand avenir. Nous ne prédirons pas d'après nos sympathies les événemens dont nous ne voyons encore que le prologue ; mais ceux même qui craignent les contre-coups de la téméraire aventure où s'est jetée la Serbie ne peuvent dédaigner cette nation de 1,300,000 âmes qui provoque un état de 22 millions de sujets et de 12 millions de tributaires, une nation qui a si vaillamment affronté les coupeurs de têtes, les canons Krupp et les capitaux anglais.

HENRI GAIDOZ

NOTES

[1]Notre principal guide dans cette étude a été l'excellent ouvrage sur les Serbes de Hongrie publié en 1873 à Prague. Bien que ce livre ait paru anonyme, nous ne croyons pas être indiscret en nommant l'auteur, M. Emile Picot, aujourd'hui chargé du cours de langue roumaine à l'École des langues orientales. M. Picot a passé de longues années dans l'Europe orientale, dont il connaît à fond les langues et l'histoire, et nous ne saurions nous appuyer sur une meilleure autorité.

[2]Le pays compris entre la Save et le Danube au nord du confluent de ces deux cours d'eau.

[3]La région entre le Danube et la Tisza (Theiss).

[4]Ce nom, formé du slave ban « seigneur, » signifie étymologiquement seigneurie et désigne à peu près ce coin sud-est de la Hongrie qui forme aujourd'hui les comitats de Torontàl, Krassó et Temesvàr.

[5]Le nom de Rascie est encore donné quelquefois à la Vieille-Serbie, qui forme aujourd'hui le pachalik de Novi-Bazar.

[6]Sur les confins, voyez l'étude de M. Perrot dans la Revue du 1er novembre 1869.

[7]Les successeurs de Tchernoïévitch dans la monarchie autrichienne ne portèrent point le titre de patriarche, qui resta attaché au siège d'Ipek, mais seulement celui de métropolitain. Le siège d'Ipek fut plus tard transporté à Belgrade. Ipek se trouve aujourd'hui comprise dans les limites administratives de l'Albanie.

[8]Au commencement de 1874, il paraissait en Hongrie onze revues et journaux serbes, parmi lesquels deux journaux quotidiens à Novi-Sad.

[9]Improvisé général dans l'armée autrichienne, Stratimirovitch fut bientôt mis à la retraite avec la pension de son grade.

[10]Le gouvernement autrichien poussait la peur du panslavisme jusqu'à vouloir faire la guerre à l'alphabet cyrillique ou slavon en usage chez toutes

les populations de rite oriental. « Ce n'est qu'à la date du 4 septembre 1860, dit M. Picot, que le journal officiel de Temesvár publia un arrêté portant qu'il serait permis aux habitans de remettre aux autorités des actes écrits avec les lettres cyrilliennes. »

[11]Pour ne pas allonger outre mesure cette étude, nous ne raconterons pas l'histoire de la séparation des Roumains hongrois de l'église serbe, question purement religieuse. L'église de rite oriental en Hongrie relevait tout entière du métropolitain serbe sans distinction de nationalité. Dans le banat, les prêtres roumains étaient forcés de recevoir leur instruction dans les séminaires serbes, et les évêchés roumains de Bucovine et de Transylvanie relevaient du métropolitain serbe. A la suite de longues négociations entre les Roumains, les Serbes et le gouvernement de Vienne, eut lieu la séparation de l'église des deux nations, et le 24 décembre 1864 un rescrit impérial éleva l'évêché roumain de Transylvanie au rang de métropole. Après cela, on dut régler la question délicate du partage proportionnel des biens de l'église une jusque-là ; c'est seulement au congrès ecclésiastique de 1871 que cette question fut vidée. Ainsi disparut une cause de conflit entre les Roumains et les Serbes de Hongrie.

[12]Il ne faut pas confondre ce nom avec celui de M. Ristitch, actuellement président du ministère de Belgrade.

[13]Il semblera étrange en Occident que cette assemblée, dont le nom officiel est « congrès ecclésiastique, » ait voté pour le théâtre serbe de Novi-Sad une subvention annuelle de 3,000 florins. Ce vote, n'ayant pas été ratifié par le gouvernement, est resté sans effet.

[14]Voici, d'après M. Picot, qui a soumis cette statistique délicate à une critique minutieuse, la distribution actuelle de la race serbe :

Principauté de Serbie (déduction faite d'environ 110,000 Roumains).
  1,140,000
Monténégro   200,000
Herzégovine   227,000
Bosnie   780,000
Pachalik de Novi-Bazar (ancienne Serbie ou Rascie) 120,000
Hongrie, Croatie et Slavonie   1,000,000
Dalmatie et Istrie   425,000
Total 3,892,000

Mais il faut noter qu'une fraction importante des Serbes de Turquie sont musulmans, environ 400,000. Les Slaves de la Dalmatie et de l'Istrie sont souvent classés comme Croates. La distinction des Croates et des Serbes est une distinction historique plus qu'une division ethnographique. On est généralement convenu d'appeler Serbes ceux qui appartiennent au catholicisme de rite oriental (uni ou non uni) et qui emploient l'alphabet cyrillique, et Croates ceux qui appartiennent au catholicisme de rite latin et qui emploient l'alphabet latin. Néanmoins quelques savans, et notamment M. Picot, rangent parmi les Serbes les Slaves catholiques latins de la Dalmatie et de l'Istrie, parce qu'ils se rattachent par leur dialecte aux Serbes propres, et les Chokatses et les Bouniéyatses de la Hongrie (environ 60,000), quoique ceux-ci soient catholiques latins et écrivent leur langue avec l'alphabet latin. Les Croates sont environ 1,350,000. Au point de vue strictement ethnographique on ne devrait parler ni de Croates ni de Serbes, mais de Croato-Serbes. Les uns sont aux autres ce que les Genevois protestans sont aux Savoyards catholiques.-

[15]Ce sont ces matelots qui formaient l'équipage du Tegethoff, chargé, il y a trois ans, d'une célèbre expédition polaire sous le commandement de Payer et Weyprecht.

[16]C'est aussi pour la même accusation qu'à son retour de Serbie Stratimirovitch a été arrêté par les autorités hongroises. Stratimirovitch a le grade et la retraite de général autrichien, sans en avoir jamais rempli les fonctions. Nous doutons qu'on puisse le condamner à autre chose qu'à la perte de son grade. Nous ne devons pas oublier qu'en janvier 1871, à la diète de Hongrie, dont il était membre, Stratimirovitch reprochait ses sympathies allemandes au ministère hongrois.

[17]Mort, il y a quinze jours, des suites d'une blessure reçue devant Siénitza.

[18]Ce nom est encore employé, mais pour désigner le parti de la Jeune-Serbie.